바이러스 감염과 상미분방정식

지은이 Iwami Shingo, Sato Kei, Takeuchi Yasuhiro
옮긴이 김광수, 박형기, 정용담

KM 경문사

서문

독감, 에이즈, B / C형 간염, 출혈열 등 다양한 바이러스 감염이 우리 인류의 안전하고 건강한 삶을 위협하고있다. 인플루엔자 바이러스 및 중증 급성 호흡기 증후군(SARS) 바이러스 등 호흡기 바이러스는 순간적으로 사람들에게 전파되고, 인간 면역 결핍 바이러스(HIV)와 B / C형 간염 바이러스(HBV / HCV) 등의 성병 바이러스는 인식하지 못하는 사이에 사람들을 감염시키며, 에볼라 바이러스와 말버그 바이러스 등의 출혈열 바이러스는 매우 높은 사망률로 사람들을 죽음에 이르게 한다. 인류는 이러한 바이러스 감염과 싸우기 위해 바이러스학적 방법, 면역학적 방법, 생화학적 방법, 분자생물학적 기법 등을 이용하여 바이러스를 다양한 관점에서 연구하고, 그 본질 및 약점을 밝힘으로써 치료 및 예방법을 확립 해왔다. 또한 최근에는 국내외에서 소수이긴 하지만 수리 과학 연구자들이 바이오 정보학적 방법, 구조 생물학적 방법, 진화 생물학적 방법, 수학적 모델 등을 이용하여 바이러스학에 진입하기 시작했다. 이러한 방법을 이용하면, 현재의 실험 기술로는 측정할 수 없는 것들을 정량화 하거나 예측하는 것이 가능하게 된다. 즉, 수학과 실험 사이에 상호 보완적인 융합을 수행함으로써 기존의 바이러스학에서는 접근하지 못한 세밀하고 혁신적인 연구를 전개할 수 있게 되는 것이다.

후에 설명하지만 'HIV 감엄자의 바이러스 감염이 매우 동적이고, 감염 만성기의 바이러스 양은 매일 변화하는 역동적인 바이러스의 사멸과 재생에 의해 유지되고 있다'라는 사실을 밝힌 것은 수학적 모델을 이용한 융합 연구였다[85, 215]. 이러한 두 논문 [85, 215]은 1995년의 Nature지의 같은 권에 연속적으로 게시되었고, 이는 수학적 모델을 이용한 분석이 바이러스학의 분야에서 널리 인정되는 계기가 된 역사적인 연구이다. 그 후 약 10 년간 특히 HIV와 원숭이 면역 결핍 바이러스(SIV), HCV 등의 수많은 분야에서 임상시험 데이터의 양적 연구가 적극적으로 이루어져 큰 성과도 남겼고[52, 146, 156, 169, 170], 바이러스 감염의 수학적 모델은 실험과 융합이라는 측면에서 그 현대적인 기초가 확립 된 것이라고 생각된다. 그러나 그 이후부터 현재까지 바이러스학 분야에서 실험 및 수학의 융합 연구는 우수한 성과를 내지 못했다.

이러한 상황은 한탄과 동시에 기회이기도 하지만, 불행히도 일본에는 바이러스 감염의 시험 · 임상 · 실험 데이터를 정량적으로 취급할 수 있는 전문가가 거의 존재하지 않는다. 일본에서는 의학 및 기타 학문에 벽이 있고 이와 같은 융합 연구 분야를 배우기 위한 입문서가 없는 것이 문제점 중 하나이다. 그래서 이 책은 서구 국가에 비해 일본에서의 진입이 늦어지고 있는 수학적 모델을 이용한 바이러스 감염의 시험 · 임상 · 실험 데이터의 정량 분석을 중심으로 기본적인 수학적 모델링에 의한 데이터 분석 방법과 바이러스학적 관점의 분석으로 바이러스 학문의 공헌한 바를 설명 한다. 또한 이 책에서 주로 등장하는 인플루엔자 바이러스, 인간 면역 결핍 바이러스, 원숭이 면역 결핍 바이러스, 원숭이 / 인간 면역 체계가 손상된 모든 바이러스 및 C형 간염 바이러스에 관해서 각 바이러스 전문가들이 각각의 바이러스의 역사적 배경과 연구 배경에 관한 원고를 칼럼 형식으로 독자들에게 소개한다.

이 책이 완성되기까지 큰 노력과 긴 시간을 필요로 했지만, 이 책이 세상에 나오고, 많은 연구자, 특히 젊은 연구자의 눈에 닿아서 그들의 지적 욕구를 일으키고 훌륭한 융합 연구가 진행되고 그리고 후세에 이 책이 전해진다면 정말 기쁠 것이다. 마지막으로, 좀처럼 순조롭게 책의 지필이 진행되지 않는 기간, 정말 인내하며 원고를 기다려 주신 공립출판 주식회사의 미야자키(赤城圭)씨와 오무라(大谷早紀)씨에게 진심으로 감사드린다.

2016년 3월 파리에서
이와미 신고

[숫자]는 참고문헌의 번호를 나타냅니다.

역자 서문

현실에서 발생하는 많은 과학적 문제들은 주로 어느 한 특정 분야의 관점만으로는 해결하기 어렵다. 그러므로, 이러한 문제를 해결하기 위해 효과적으로 융합연구를 실현하는 것이 중요하다. 융합 연구를 위해서는 다양한 학문 분야를 종합적으로 고려해야 하지만, 많은 연구자들이 자신의 전문 분야에 집중하는 동안 융합연구 분야에서는 의미 있는 결과를 얻지 못한 것이 현실이다. 최근 국내에서도 융합 연구의 중요성이 강조되고 있지만, 여전히 학문 간의 장벽이 존재한다는 사실을 부정할 수 없다.

현재, 과학계는 실험 기술의 발전에 따라 다양한 실험을 통해 데이터를 도출하고 있다. 이 데이터를 실제 현상과 비교하며 분석함과 동시에, 수학적인 해석을 가미한다면 훨씬 다양하고 의미 있는 결과를 얻을 수 있다. 융합연구가 강조되는 시대임에도 불구하고, 융합연구에 대하여 구체적으로 소개된 책은 아직 부족하다. 수학적 모델은 생물학적 현상을 수식을 사용하여 설명하고 해석할 수 있다는 점에서 최근 그 중요성이 강조되고 있지만, 많은 연구자들은 실험을 통해 얻은 데이터에 수학적 모델을 적용하는 과정에서 어려움을 겪고 있다.

따라서 본 책은 현재 요구되는 내용을 반영하여 수학적 모델의 기초부터 활용까지 상세하게 서술하였다. 미적분, 선형대수, 미분방정식과 같은 우리가 흔히 접했던 기본적인 수학 지식과 실험 데이터를 결합하여 새로운 과학적 사실들을 도출해 내는 과정을 이해하고 적용하는 방법을 설명하였다. 이러한 내용을 학습하면 생명과학 분야에서 얻는 다양한 실험 데이터를 수학적 모델로 해석하고 다양한 각도로 문제를 제기하고 해결하는 능력을 향상시키는데 크게 도움이 될 것이라 확신한다.

이 책은 각 장에서 수학적 모델을 사용하여 바이러스 감염 실험 데이터를 분석하는 방법과 바이러스학적 관점의 해석들을 자세하게 소개하는 방식으로 구성되어 있다. 또한 독자가 학습한 내용을 실습해 볼 수 있도록 실제 데이터를 목차에 포함시켰다. 각 장의 끝에는 바이러스 전문가들이 해당 바이러스의 역사적 배경과 연구 배경에 관한 칼럼을 소개한다.

이 책을 통해 수학과 생물학의 융합으로 밝힐 수 있는 과학적 결과들을 발견하는 기쁨을 느끼길 바란다. 더 나아가 수학, 생물학, 의학에 걸친 다양한 분야에서의 공동연구의 중요성을 국내에서도 인식하고 활발한 공동연구가 실현되는 변화의 물결이 일어나길 기대해 본다.

끝으로 이 책을 옮기는 과정 중에 번역의 오류나 내용 전달에 있어서 미흡한 점에 관하여 독자들의 소중한 피드백을 부탁드린다. 이 책이 나올 수 있도록 도와주신 신도고등학교의 도강수 선생님과 경문사의 편집부 관계자들께 깊은 감사의 인사를 드린다.

2024.1.1.

옮긴이 일동

목차

CHAPTER 01

수리과학과 실험 바이러스학의 융합

바이러스는 생물의 세포를 이용하여 자기 복제를 할 수 있는 미세한 구조물로, 단백질(또는 지질) 껍질과 그 내부에 포함된 핵산으로 구성되어 있다. 일반적인 바이러스의 게놈 크기는 $\sim 10^5$ 염기수 정도이며, 크기는 수십 nm에서 수백 nm이다. 또한, 생물은 DNA를 유전자의 설계도, RNA를 유전자의 복사본으로 사용하는데(분자생물학 용어로 이 DNA → RNA의 흐름을 '센트럴 도그마'라고 한다), 바이러스는 자신의 유전자를 설계도로서 DNA 혹은 RNA 중 하나를 사용한다. 이처럼 바이러스는 매우 단순하고 기계적인 구조체이다. 그러나 바이러스의 표적 세포 내에서의 복제 역학이나 표적 세포 간 감염 역학, 면역세포와의 공방 역학, 그리고 그에 따른 병태생리 기전은 매우 복잡하다. 이 책에서는 수학적 모델을 이용하여 시간 경과에 따른 실험 데이터를 분석하여 복잡하고 역동적인 바이러스 감염을 정량적으로 이해하는 데 초점을 맞춘 수리과학과 실험과학의 융합 연구를 소개하고자 한다.

1.1 차세대 바이러스학 연구를 향해서 – 계산 바이러스학의 전개

지난 세기부터 생명과학 분야의 다양한 연구방법의 발달로 바이러스학적, 면역학적, 병태생리학적, 생화학적 및 분자생물학적 접근법이 확립되었다. 근래에는 다양한 바이러스 질환의 분자병리학적 해명에 관한 중요한 연구 성과가 이루어지고 있다. 대부분의 바이러스 질환 연구는 사람을 대상으로 하는 임상시험 혹은 동물을 대상으로 하는 쥐 실험 등이 사용되므로 실험동물 검체를 분자 및 세포생물학적 방법으로 분석하는 실험과학 연구가 주를 이루고 있다.

이러한 질병을 근본적으로 이해하려면 통상의 연구는 기존의 분석방법으로 밝혀진 현상 그 자체의 단면적 결과에 대한 상관관계, 특정 요소들 간의 관계 등의 해석이 필요하다.

그러나 기존의 방법은 그동안의 발전에 따라 이러한 연구방법으로부터 얻어지는 단편적 지식이 포화상태에 이르렀고, 지식 자체가 보여주는 내용도 세분화와 거대화를 거듭하면서 바이러스 질환의 전체적 메커니즘에 대한 개념적 이해가 어려워졌다. 다시 말해 분자-단백질 등의 기본 요소로 환원하여 생명현상을 이해하려는 근현대 생명과학의 한계와 이를 해결하고자 하는 요구과제가 표출되기 시작했다. 따라서 이 한계를 극복하기 위한 방법으로 최근에는 현상의 동적 시스템으로서 포괄적이고 전반적인 이해가 요구되고 있다.

이러한 환원에 기반한 생명과학의 현 상황에 돌파구를 마련하기 위해 기존의 바이러스학 연구에 수리과학적 방법을 도입하여 지금까지와는 전혀 다른 접근법으로 감염현상을 설명하는 의학과 수학의 융합 분야인 '계산 바이러스학'을 새롭게 전개하고자 한다.

본질적으로 생체 내에서의 바이러스 감염은 바이러스와 표적 세포 및 면역체계가 복잡하게 상호작용하는 체계적이고 역동적인 생명현상이다. 기존의 바이러스학 연구에서 이루어지고 있는 특정 단백질의 발현량, 세포의 활성화 상태와 같은 실험 데이터를 한 시점에서 여러 개를 비교하는 정성적 및 정적 고찰을 통한 분석 정보는 극히 제한적일 수밖에 없다.

계산 바이러스학에서는 지금까지 바이러스학에서 수행되어 왔던 실험적 분석에 더하여 수학적 모델링, 수학적 분석, 컴퓨터 시뮬레이션에 의한 분석을 통해 바이러스 감염 질환의 동역학을 정량적, 시간적, 동적으로 다루어 미지의 감염 과정을 밝혀내고자 한다. 그리고 새로운 감염 메커니즘을 규명하고 새로운 치료제 개발의 표적 결정에 유용한 아이디어를 제공하는 것을 목표로 하고 있다.

1.2 바이러스 감염 동역학의 정량화 시도

수학적 모델을 통해 바이러스 감염의 동역학을 이해할 수 있다면, 바이러스 감염의 다양한 측면을 정성적, 정량적으로 볼 수 있게 된다. 이는 기존의 정적 바이러스학의 범주에 머물지 않고, 바이러스 감염에 대한 깊은 이해와 이를 바탕으로 임상 및 사회 응용으로 이어지는 연구기반을 구축하도록 할 것이다.

인간면역결핍바이러스(HIV) 및 원숭이면역결핍바이러스(SIV) 연구 [85, 89, 91, 109, 146, 147, 165, 169, 170, 215]에 따르면 바이러스 감염 및 면역반응의 동역학에 대한 정량적 분석에서 결론적으로 수학적 모델링이 매우 중요함을 시사한다.

예를 들어, 인플루엔자 바이러스의 경우, 마우스와 인간에 의한 감염 실험 데이터를 통해 생체 내 A형 인플루엔자 바이러스의 감염 역학이 밝혀졌고 [8, 140], 배양 세포를 이용한 감염 실험 데이터를 통해 항인플루엔자 약물에 의한 억제 효과가 정량적으로 분석되기 시작하였다 [10].

C형 간염 바이러스(HCV)에서는 항바이러스제를 이용한 임상시험 데이터 분석을 통해 약물의 작용 기전이 예측되었고[52, 156], B형 간염 바이러스(HBV)에서는 감염 초기의 임상 데이터 분석을 통해 면역반응을 수학적 모델링을 이용하여 정량적으로 설명할 수 있게 되었다[21].

거대세포바이러스에 관한 연구에서는 임상시험 데이터 분석을 통해 항바이러스제의 투여경로(정맥투여 또는 경구투여)에 따른 약효의 차이를 수학적 모델링을 이용하여 정량적으로 설명할 수 있었다[58]. 림프구성 뇌수막염 바이러스나 엔테로바이러스의 감염 동역학이나 면역 반응에 관한 연구도 조금씩 진행되고 있다[43, 64].

최근에는 세포 내 바이러스 복제의 수학적 모델링과 그 수학적 모델에 의한 배양 세포를 이용한 감염 실험 데이터의 정량적 분석도 점차 이루어지고 있다[34, 37, 153, 154].

분자생물학적, 생화학적 기법의 발달로 세포 내 바이러스 복제 등 다양한 실험 데이터를 측정할 수 있게 됨에 따라 향후 세포 내 바이러스 복제와 같이 다양한 바이러스의 감염 동역학에 대한 수학적 모델링의 정량화 시도가 정당성이 있음을 시사한다.

1.3 이론과 실험의 상호 피드백형 연구

과거에는 바이러스 감염 질환을 대상으로 한 응용수학 연구는 실험의학 및 생명과학 커뮤니티와 거의 접촉이 없었지만, 현재 서구 국가의 모든 대규모 실험 과학 그룹은 수학자와 과학자들과의 공동 연구를 수행하고 있다. 이는 앞 절에서도 언급했듯이 1990년대에 시작된 서구 국가들의 생명현상에 대한 수학적 모델링 연구가 특히 HIV 감염증을 대상으로 하는 바이러스학에서 큰 성공을 거둔 데서 기인한다[85, 215].

이러한 서구 국가에서 수행되어 온 대다수의 공동연구는 임상시험 등의 임상 데이터를 이용하고 있으며, 인간 생체 내에서의 바이러스 감염증의 감염 기전 및 치료 효과 등을 정량적으로 이해하는 데에 큰 기여를 하였다. 그러나 이러한 공동연구는 그 기술적, 윤리적 측면에서 고전적 방법에 의존한 방식으로 측정된 다양한 제약이 있는 데이터를 사용해야 하기 때문에 단방향적이고 단면적인 공동연구에 머물러 있었다. 앞으로는 견고한 수리 과학적인 분석을 위해 필요한 양질의 바이러스학 면역 학적 실험 데이터를 얻을 수 있는 우수한 공동 연구 체제를 정비하고 '실험 ⇔ 수학적 분석'의 지속적인 상호 피드백에 근거한 다각적 바이러스 횡단적인 융합 연구를 전개해 나가는 것이 중요해질 것이다. 이것이 바로 계산 바이러스학이 지향하는 연구상이다.

이 책은 상미분방정식의 수학적 모델에 초점을 맞추어 역사적으로 중요한 논문과 저자들의 독창적인 연구를 소개하는 한국 최초의 계산 바이러스학 입문서이다.

이 책은 서구 국가를 중심으로 펼쳐져 온 수학적 모델을 이용한 임상 데이터의 정량적 분석 및 저자들이 최근 전개하고 있는 수학적 모델을 이용한 바이러스 감염 실험 데이터의 정량적 분석에 대해 상세히 설명하고 있다. 또한, 이 책에서 분석되는 다양한 바이러스 감염의 실험 데이터를 모두 수록하고 있는 점도 다른 책에서는 볼 수 없는 특징이다. 독자들이 직접 이러한 실험 데이터를 분석함으로써 데이터를 다루는 것의 어려움과 흥미로움을 느껴 보길 바란다. 그리고 앞으로 이 책을 통해 한국에서도 바이러스학에 대한 수리과학 연구의 진입이 촉진되어 세계를 선도하는 융합연구가 전개되기를 기대한다.

CHAPTER 02

바이러스 감염의 수학적 모델

이 장에서는 정량화할 수 있는 다양한 바이러스의 동역학적 지표에 따른 바이러스 감염의 기본적인 수학적 모델을 소개하고 모델 속에 포함된 역학적 구조에 대해서 개괄적으로 안내한다.
인간 A형 인플루엔자 바이러스(H1N1) 감염 실험 데이터와 붉은털 원숭이의 SHIV 감염 실험 데이터를 분석한 후 이들 바이러스의 생체 내 동역학적 과정을 구체적으로 정량화한다. 배양 세포계를 통한 바이러스 감염을 실험하고 이 역학적 과정이 실질적으로 바이러스 감염의 동역학적 해석이 가능하다는 것을 수학적 모델을 이용하여 보여줄 것이다.

2.1 바이러스 동역학

바이러스의 증식은 숙주 세포 내에서 이루어진다(그림 2.1은 HIV-1의 복제주기를 나타내고 있다)[191]. 바이러스는 자율적으로 증식할 수 없기 때문에 증식을 위해서는 숙주가 되는 표적 세포에 결합하여 침입해야 한다. 동물 바이러스는 바이러스 표면의 바이러스성 단백질과 세포 표면의 특이적 수용체 사이의 상호 작용을 통해서 표적 세포로 침입한다. 따라서 숙주 수용체의 존재가 증식에 크게 작용된다.

바이러스 A의 숙주 범위란 바이러스 A가 감염시킬 수 있는 생물 종의 범위를 뜻하며 바이러스 A의 굴성이란 바이러스 A가 타게팅하는 생물 종에서 특정 조직과 세포에 친화성을 갖는 정도를 뜻한다. 숙주 수용체의 존재에 크게 관여되는 인자가 숙주 범위와 굴성이라는 것을 알 수 있다.

예를 들어, 소아마비 바이러스의 숙주 범위는 영장류에 제한되며 이는 영장류만이 숙주 수용체를 가지기 때문이다. HIV가 면역 세포를 표적으로 하는 이유는 그 세포에만 발현하는 CD4 및 케모카인 수용체를 수용체로서 세포를 감염시키기 때문이다[222].

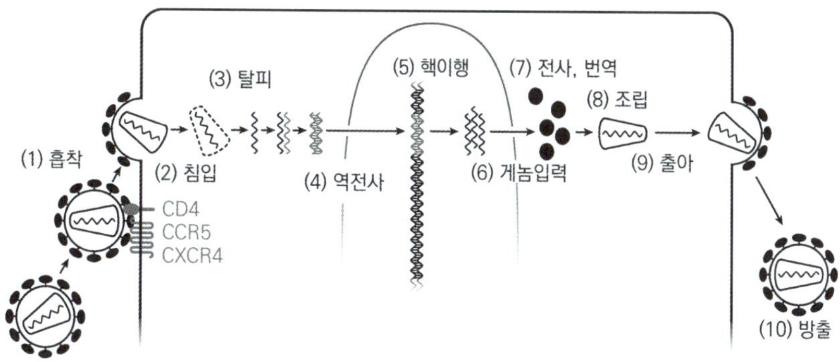

그림 2.1

HIV-1의 복제 주기[191]: 에이즈의 주요 원인 바이러스인 HIV1형(HIV-1)은 세포질막에서 발현하는 수용체인 CD4 분자와 케모카인 수용체인 CXCR4 혹은 CCR5 분자와 결합하여((1) 흡착), 막융합을 통해 세포 내로 침입한다((2) 침입). 그 후, '코어'라고 불리는 구조가 세포질에서 파괴되며((3) 탈피), RNA를 주형 (template)으로 하는 역전사 반응으로 인해, DNA 합성이 이루어진다((4) 역전사). DNA는 바이러스에서 유래된 단백질과 숙주 단백질로 인해 '사전 통합 복합체 (pre-integration complex)'라는 초구조를 만들고, 핵 내에 이행하여((5) 핵 이행), 세포 게놈 내에 입력된다((6) 게놈 입력: integration). 그 후, 세포 게놈에 입력된 DNA를 주형으로, RNA 전사가 일어나며, 바이러스 단백질이 번역된다((7) 전사, 번역). 그리고 새로 합성된 '코어'의 구성분자인 Gag 단백질로 자손 바이러스가 세포질 막 상에서 만들어지며((8) 조립: assembly) 배출된다((9) 출아). 바이러스 생산 세포에서 배출된 바이러스 입자는 세포 밖으로 방출되며 성숙해진다((10) 방출). 여기서 HIV-1 복제 주기는 (1) 흡착~(9) 게놈 입력(integration) 까지의 과정을 '전기 과정', (7) 전사, 번역~(10) 방출까지의 과정을 '후기 과정'으로 분류된다.

바이러스 복제는 역동적, 비동시적, 다발적, 반복적인 과정을 거친 결과이다. 바이러스 감염의 과정은 표적 세포가 바이러스에 감염되어 감염된 세포가 바이러스를 복제한다. 이후 생산된 바이러스가 다시 다음 표적 세포를 감염시킨다.

예를 들어, 바이러스가 세포에 침입한 후 지질과 단백질로 구성된 껍질에서 벗어나 자신의 DNA 또는 RNA를 복제한다. 한편, 세포는 바이러스의 DNA 또는 RNA의 정보에 따라 바이러스의 단백질을 합성한다. 그 후 복제된 DNA 또는 RNA와 핵산으로부터 합성된 바이러스의 단백질을 바탕으로 자손 바이러스가 생산되어 바이러스 입자가 세포 밖으로 방출된다. 그리고 감염성이 있는 바이러스 입자가 새로운 표적 세포를 감염시켜 바이러스 입자를 복제시키면서 감염을 확산시키는 것이다.

본 절에서는 이러한 바이러스 복제 과정을 설명하는 기본적인 수학적 모델을 소개한다.

2.1.1 바이러스 동역학의 수학적 모델링

위에서 서술한 바와 같이 바이러스 감염형태의 역학적인 분석은 복잡하여 현재의 실험 과학으로 전체를 규명하는 것은 매우 힘들다. 연구되고 있는 바이러스학의 세포생물학, 유전공학, 분자생물학 실험 기술을 구사하여 감염 동역학의 임의의 점에서의 스냅샷을 관찰하는 경우가 많다. 예를 들어 특정 시간에서의 바이러스 역전사 효소 활성량, $TCID_{50}$와 PFU량, RNA나 DNA양 따위를 측정하는 것이다.

그러나 감염 실험과 임상시험의 시계열 데이터의 핵심을 관통하는 수학적 모델을 이용하면, 비동시적, 다발적, 반복적으로 발생되는 복잡한 바이러스 복제 과정이 상세화, 구체화, 명료화된다.

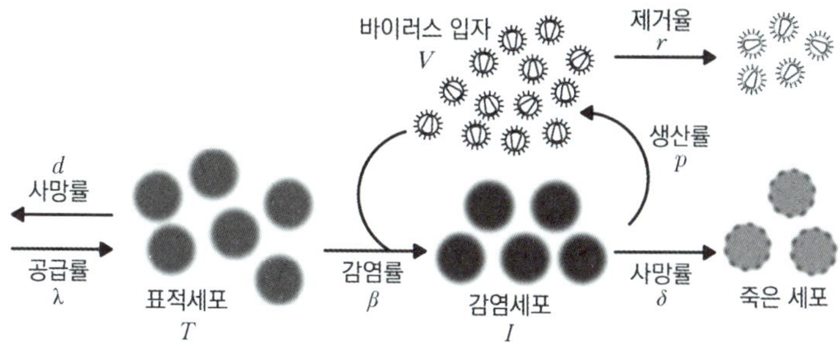

그림 2.2

바이러스 동역학의 기본적인 수학적 모델링: 임의의 시간 t에서의 표적 세포 수, 감염된 세포 수, 바이러스 입자 수를 각각 $T(t)$, $I(t)$, $V(t)$로 가정한다. 표적 세포는 공급원에서 단위 시간당 λ만큼 보충된다고 하고 사망률은 d로 한다. 바이러스 입자는 β라는 비율로 표적 세포에 감염된다고 가정하고 있다. 여기서 감염된 세포는 단위 시간당 p만큼 바이러스 입자를 만들 수 있고, δ비율로 사망한다고 생각한다. 또한, 생산된 바이러스 입자는 c라는 비율로 제거된다고 가정한다.

우선 다양한 바이러스 감염의 동역학을 설명할 때 사용되어 왔던 가장 기본적인 수학적 모델을 소개한다[8, 156, 162, 169, 217]. **그림 2.2**는 기본적인 수학적 모델의 개요를 나타내고 있다. 수학적 모델의 변수인 $T(t)$, $I(t)$, $V(t)$를 각각 임의의 시간 t에서의 표적 세포 수, 감염된 세포 수, 바이러스 입자 수라고 정의한다.

초기 시간 $t=0$에서 바이러스에 감염된 초기값 $T(0)$, $I(0)$, $V(0)$은 각각 바이러스 감염 시의 표적 세포 수, 감염된 세포 수, 바이러스 입자 수를 나타낸다.

먼저 표적 세포는 공급원으로부터 단위 시간당 λ의 비율로 보충된다고 가정한다. 사망률을 d라고 가정할 때 단위 시간당 사멸되는 표적 세포의 수는 $dT(t)$이다.

바이러스 입자는 표적 세포의 조우, 부착, 침입 등의 효율에 의존하여 β라는 비율로 표적 세포를 단위 시간당 새로 감염시킨다고 가정한다. 질량 작용의 법칙(mass action law)이란 반응속도가 농도에 비례한다는 화학적 법칙인데, 이를 가정하면 새로 생산되는 감염 세포의 수(감염되는 표적 세포의 수)는 $\beta T(t)V(t)$로 표현된다.

감염된 세포는 단위 시간당 p의 비율로 바이러스 입자를 생산할 수 있다고 가정하면 단위 시간당 새롭게 생산되는 바이러스 입자 수는 $pI(t)$이다.

활성화 세포의 사멸이나 바이러스 복제에 의한 세포 변성, 면역 반응에 의한 세포독성 등의 결과로 감염된 세포는 δ의 비율로 사멸한다고 가정하면 단위 시간당 사멸되는 감염된 세포 수는 $\delta I(t)$이다.

생산된 바이러스 입자는 생체가 갖고 있는 생리적 작용이나 항체에 의한 중화 반응에 의해 c라는 비율로 제거된다고 가정하면 단위 시간당 사멸되는 바이러스 입자 수는 $cV(t)$이다.

여기서 각 매개변수 λ, d, β, p, δ, c는 모델링하고자 하는 바이러스의 종류와 시간 스케일, 공간 규모에 따라 달라진다는 점에 유의한다. 바이러스 동역학의 수학적 모델은 다음과 같은 상미분방정식 시스템으로 표현할 수 있다.

$$\begin{aligned}\frac{dT(t)}{dt} &= \lambda - dT(t) - \beta T(t)V(t)\\ \frac{dI(t)}{dt} &= \beta T(t)V(t) - \delta I(t)\\ \frac{dV(t)}{dt} &= pI(t) - cV(t)\end{aligned} \tag{2.1}$$

현재까지 기본적인 수학적 모델(2.1)과 발전된 모델들은 다양한 감염 실험과 임상시험 데이터를 설명하는 데 성공해 왔다. 또한, 이러한 수학적 모델을 이용한 분석으로 다양한 바이러스의 생체 내 배양 세포에서의 바이러스 동역학을 밝혀내는 것이 가능하게 되었다.

2.1.2 바이러스 동역학 지표

비동시적이고 다발적으로 반복되는 바이러스 복제 과정에서, 바이러스 동역학의 지표를 측정하는 것은 어렵다. 여기서는 수학적 모델을 이용함으로써 분석 및 정량화가 가능해지는 감염된 세포의 평균 수명, 감염된 세포 및 바이러스 입자의 반감기, 바이러스 방출량, 감염된 세포의 기본 재생산 수와 같은 바이러스 동역학의 지표를 도출한다.

감염된 세포 및 바이러스 입자의 반감기

시간 0에서의 감염된 세포 수를 $I(0)$감염된 세포의 사망률을 상수 δ라고 하고, 신규 감염은 없는 것으로 가정한다. 상미분 방정식을 이용했을시 감염된 세포 $I(t)$의 동역학은 다음과 같이 표현할 수 있다.

$$\frac{dI(t)}{dt} = -\delta I(t) \tag{2.2}$$

여기에서 (2.2)은 기본적인 수학적 모델(2.1)에서 신규 감염을 나타내는 항인 $\beta T(t)V(t) = 0$으로 했을 때의 감염된 세포 $I(t)$의 동역학이다. (2.2)은 선형 상미분방정식이기 때문에 다음과 같은 해석해가 존재하는 것으로 알려져 있다(또한, 이 책에서는 엄격하게 풀 수 있는 해라는 의미에서 '해석해'라는 표현을 사용).

$$I(t) = I(0)\exp(-\delta t)$$

감염된 세포의 반감기 t_h의 감염된 세포 수 $I(t_h)$는 처음 감염된 세포 수 $I(0)$의 반이기 때문에

$$\frac{I(0)}{2} = I(0)\exp(-\delta t_h)$$

와 같은 관계식이 성립한다. 즉, 반감기 t_h는 다음과 같이 계산할 수 있다[170].

$$감염된\ 세포의\ 반감기 = \frac{\log 2}{\delta}$$

마찬가지로, 바이러스 입자에 대해서도

$$바이러스\ 입자의\ 반감기 = \frac{\log 2}{c}$$

로 나타낼 수 있다[85, 215].

감염된 세포의 평균 수명

표적 세포의 바이러스 감염이 성립된 후의 시간을 s라고 한다. 다시 말해 시간 s에서는 감염된 세포의 감염 경과 시간(감염 연령)을 생각할 수 있다. 여기서 감염 경과 시각 s에서 감염된 세포 사망의 순간적인 발생률[1](감염된 세포의 사망률)을 $\delta(s)$로 정의한다. 확률 변수 X를 감염된 세포가 사망한 시간으로 하여, 그 분포 함수를 $F(s)$, 그리고 확률 밀도 함수를 $f(s)$라고 한다면, 사망률 $\delta(s)$은 다음과 같이 정의된다($Pr(A)$은 사건 A가 발생할 확률을 뜻하고 있다고 가정한다).

1 감염 상태에서 사망 상태까지의 이행 강도. 실험을 통한 실측에서 '감염 상태' 혹은 '사망 상태'의 정의는 바이러스 종류나 측정 방법에 의존한다.

$$\delta(s) = \lim_{h \to 0} \frac{Pr(s \le X \le s+h | s \le X)}{h} = \lim_{h \to 0} \frac{Pr(s \le X \le s+h)}{Pr(s \le X)h}$$
$$= \frac{f(s)}{1-F(s)} = -\frac{d}{ds}\log(1-F(s))$$

여기서 $1-F(s)=l(s)$은 감염 경과 시간 s까지 감염된 세포가 생존하는 확률을 나타내며 생존율이라고 불린다. 여기서,

$$\frac{dl(s)}{ds} = -\delta(s)l(s)$$

이므로 다음의 관계식을 만들 수 있다.

$$l(s) = \exp\left(-\int_0^s \delta(\sigma)d\sigma\right)$$

감염된 세포의 평균 수명(**그림 2.3** 참조)은 감염된 세포가 사망하기까지의 평균 감염 경과 시간인 것을 바탕으로

$$\text{감염된 세포의 평균 수명} = \int_0^\infty sf(s)ds \tag{2.3}$$

로 나타낼 수 있다.

예를 들어, 기본적인 수학적 모델(2.1)와 같이 감염된 세포의 사망률 $\delta(s)$은 감염 경과 시간 s과는 상관없이 일정하다($\delta(s)=\delta$)고 가정한다면, 생존율은

$$l(s) = \exp\left(-\int_0^s \delta d\sigma\right) = \exp(-\delta s)$$

가 된다. 여기서, $f(s) = \delta(s)(1-F(s)) = \delta(s)l(s) = -dl(s)/ds$라는 관계식에 주의하고, 또한

$$\int_0^\infty s\delta(s)l(s)ds = -\int_0^\infty s\frac{dl(s)}{ds}ds = [-sl(s)]_0^\infty + \int_0^\infty l(s)ds \quad (2.4)$$

로 계산할 수 있다는 것[98]에 주목했을 때, 식(2.3)와 (2.4)를 이용하여 감염된 세포의 평균 수명은

$$\begin{aligned} \text{감염된 세표의 평균 수명} &= [-s\exp(-\delta s)]_0^\infty + \int_0^\infty \exp(-\delta s)ds \\ &= \int_0^\infty \exp(-\delta s)ds = \frac{1}{\delta} \end{aligned} \quad (2.5)$$

와 같이 계산할 수 있다[169].

한편, 감염된 세포의 사망률 $\delta(s)$이 감염 경과 시간 s와 연관이 있을 ($\delta(s)$이 어떠한 분포를 따를) 경우, 감염된 세포의 평균 수명은 위에서 언급한 기본적인 수학적 모델(2.1)에서의 평균 수명(2.5)과는 다르다는 것이 알려져 있다[3, 88]. 일반적으로, 조사하고 싶은 대상(여기서는 감염된 세포의 사망률이 감염 경과 시간 s에 의존한다)을 고려한 모델링을 하기 위해서는 기본적인 수학적 모델(2.1)은 편미분방정식 등으로 확장될 필요가 있다[98].

바이러스 생산 수(Virus Burst Size)

바이러스 생산 수(**그림 2.3** 참조)는 1개의 감염된 세포가 평생동안 생산하는 총 바이러스 입자 수로 정의할 수 있다[22]. 기본적인 수학적 모델(2.1)에서 감염된 세포의 평균 수명이 (2.5)로 표현되고 단위 시간당 단위 감염된 세포가 만들어내는 바이러스 입자 수가 p이므로

$$\text{바이러스 생산 수} = \frac{p}{\delta}$$

로 계산할 수 있다.

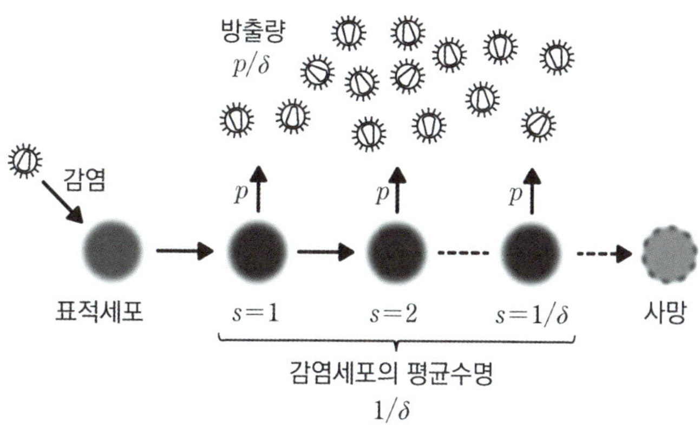

그림 2.3

감염된 세포의 평균 수명과 바이러스 생산 수(Virus Burst Size): 감염된 세포의 평균 수명은 감염된 세포가 사망하는 평균 감염 경과 시간, 바이러스 생산 수, 1개의 감염된 세포가 평생동안 만들어내는 총 바이러스 입자 개수로 정의한다.

감염된 세포의 기본 재생산 수

감염된 세포의 기본 재생산 수는 바이러스 감염 초기에 1개의 감염된 세포가 평생동안 만들어 내는 총 감염된 세포 개수로 정의 내릴 수 있다[2][162, 181].

여기서, 바이러스 감염 초기에서의 표준 세포 수는 근사적으로 일정값 $T(0)$을 유지하고 있다고 가정한다면 감염 초기의 바이러스 동역학은 다음과 같은 간단한 수학적 모델로 나타낼 수 있다.

$$\begin{aligned} \frac{dI(t)}{dt} &= \beta T(0) V(t) - \delta I(t) \\ \frac{dV(t)}{dt} &= pI(t) - cV(t) \end{aligned} \tag{2.6}$$

(2.6)은 기본적인 수학적 모델(2.1)의 표적 세포 수가 일정한 ($T(t) = T(0)$) 경우이다. 적분인자[74]를 이용하면 $I(t)$와 $V(t)$는 다음과 같은 적분 방정식으로 표현할 수 있다.

$$\begin{aligned} I(t) &= I(0)\exp(-\delta t) + \int_0^t \exp[-\delta(t-\sigma)]\beta T(0) V(\sigma) d\sigma \\ V(t) &= V(0)\exp(-ct) + \int_0^t \exp[-c(t-\eta)] pI(\eta) d\eta \end{aligned} \tag{2.7}$$

σ는 신규 감염된 세포가 만들어진 시간, η는 신규 바이러스 입자가 생산된 시간이다. 또한, 1개의 감염된 세포에서 바이러스 감염이 시작되었다고 생각한다면 $I(0) = 1$와 $V(0) = 0$이다. (2.7)의 식 $I(t)$을 식 $V(t)$에 대입해 계산하면, 감염 초기에서 시간 t의 바이러스 입자 수 $V(t)$는

2 이론적으로는 모든 세포가 표적 세포인 환경에서 1개의 감염된 세포가 발생했을 때, 이 감염된 세포가 평생에 거쳐 생산하는 총 감염된 세포 개수이다.

$$
\begin{aligned}
V(t) &= \int_0^t \exp[-\delta(t-q)]p\exp(-cq)dq \\
&+ \int_0^t \int_0^s \exp[-\delta(s-q)]p\exp(-cq)\beta T(0)dqV(t-s)ds
\end{aligned} \tag{2.8}
$$

이라는 재생 방정식으로 나타낼 수 있다[98, 99]. 여기서, $s=t-\sigma$는 감염된 세포가 만들어지고 나서의 시간(감염 경로 시간), $q=t-\eta$는 바이러스 입자가 생산된 후의 시간이다.

따라서 (2.8)을 이용하면 감염 초기의 시간 t에서 만들어진 신규 감염된 세포 수는

$$
\beta T(0)V(t) = g(t) + \int_0^t \psi(s)\beta T(0)V(t-s)ds \tag{2.9}
$$

이다. 여기서 $g(t)$와 $\psi(s)$는 다음의 함수가 된다.

$$
\begin{aligned}
g(t) &= \psi(t) \\
\psi(s) &= \int_0^s \exp[-\delta(s-q)]p\exp(-cq)\beta T(0)dq
\end{aligned}
$$

(2.9)의 $g(t)$는 바이러스 감염을 야기시킨 1개의 감염된 세포가 시간 t에서 새로 만들어낸 감염된 세포의 개수를 의미한다(즉, $I(0)=1$이었던 감염된 세포가 감염 경로 시간 t에서 생산한 신규 감염된 세포 수). 또한, (2.9)의 적분항은 시간 t에서 감염 경과 시간이 0보다 크고 t이하인 신규 감염된 세포가 만든 감염된 세포의 총 개수를 나타낸다. 즉, 감염된 세포의 기본 재생산 수는 (2.9)의 $g(t)$를 모든 시간 0에서 ∞까지 적분한 값이다. 결론적으로,

$$감염된\ 세포의\ 기본\ 재생산\ 수 = \int_0^{\infty} \psi(t)dt = \frac{\beta p T(0)}{\delta c} \quad (2.10)$$

로 계산할 수 있다.

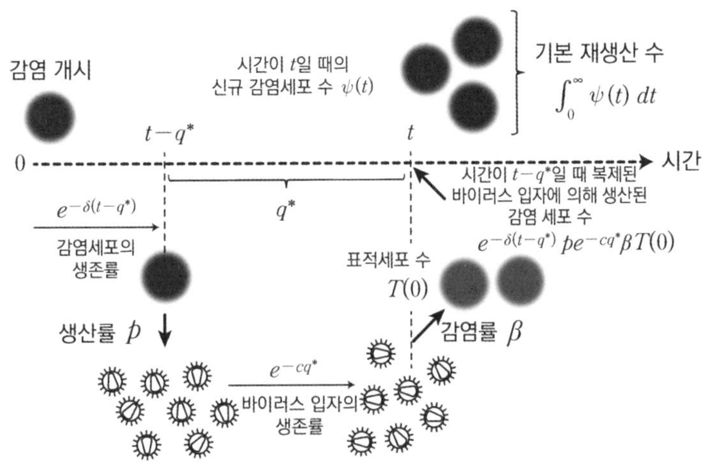

그림 2.4

감염된 세포의 기본 재생산 수: 감염된 세포의 기본 재생산 수는 바이러스 감염의 초기에 1개의 감염된 세포가 평생동안 만들어내는 총 감염된 세포수로 정의 내릴 수 있다. 바이러스 감염을 시작한 감염된 세포의 시간 $t-q^*$에서 만들어지는 바이러스 입자 수는 p이다. 이렇게 만들어진 바이러스 입자의 시간 t에서의 생존율은 e^{-cq^*}이다. 시간 t에서 바이러스 입자는 $T(0)$개의 표적 세포를 β라는 비율로 감염시키며 신규 감염된 세포를 생산한다. 따라서 시간 $t-q^*$에서 생성된 바이러스 입자가 시간 t에 새롭게 생성하는 감염된 세포의 개수는 $e^{-\delta(t-q^*)}pe^{-cq^*}\beta T(0)$이다. 또한, 0에서 t까지 모든 시간에서 생산된 바이러스 입자가 시간 t에 새롭게 생산하는 감염된 세포의 개수는 $\psi(t)$가 된다. 즉, 1개의 감염된 세포가 평생동안 만드는 총 감염된 세포 수는 $\int_o^{\infty} \psi(t)dt$가 된다.

여기서, 재생 방정식(2.9)의 $\psi(t)$은 재생 핵이라고 불리며 감염된 세포의 기본 재생산 수(2.10)에 다음과 같은 직관적인 분석을 할 수 있다(**그림 2.4** 참조). 바이러스 감염을 시작한 감염 된 세포의 시간 $t-q^*$에서의 생존율은 $e^{-\delta(t-q^*)}$이다. 또한, 이 감염된 세포에서 시간 $t-q^*$에서 만들어진 바이러스 입자 수는 p이다. 이렇게 생산된 바이러스 입자의 시간 t에서의 생존율은 e^{-cq^*}가 된다. 시간 t에서 바이러스 입자는 $T(0)$개의 표적 세포를 β라는 비율로 감염시킬 때 신규 감염된 세포를 만들어 낸다. 따라서, 시간 $t-q^*$에서 만들어진 바이러스 입자가 시간 t에서 새로 만들어지는 감염된 세포 개수는 $e^{-\delta(t-q^*)}$, p, e^{-cq^*}, β그리고 $T(0)$의 곱인 $e^{-\delta(t-q^*)}pe^{-cq^*}\beta T(0)$로 표현된다. 또한, 0부터 t의 모든 시간에 생산된 바이러스 입자가 시간 t에 새롭게 생산하는 감염세포의 수는 재생핵 $\psi(t)=\int_0^t e^{-\delta(t-q^*)}pe^{-cq^*}\beta T(0)dq^*$이다. 즉, 1개의 감염된 세포가 평생동안 만들어내는 감염된 세포 개수의 총합인 기본 재생산 수는 재생 핵 $\psi(t)$을 모든 시간 0에서 ∞까지 적분한 값 $\int_0^\infty \psi(t)dt$이 된다.

2.1.3 바이러스 동역학의 역학적 구조

감염 역학은 바이러스의 종류, 바이러스의 숙주, 바이러스의 트로피즘의 차이에 따라 천차만별인 것처럼 보인다. 하지만 기본 수학적 모델(2.1)과 그 개선된 모델이 설명하듯이 '표적 세포에 바이러스가 감염되고, 감염된 세포가 바이러스를 복제하고, 생산된 바이러스가 또 다른 표적 세포를 감염시키는' 바이러스 복제 과정은 다양한 바이러스 감염에서 공통적으로 나타난다. 이러한 현상, 즉 바이러스 동역학을 지배하는 메커니즘은 종종 수학적 모델이 갖는 동역학적 구조와 아름다운 대응 관계를 가질 수 있다. 또한, 이러한 역학적 구조로부터 바이러스 감염의 알려지지 않은 역학을 예측하고 밝혀지지 않은 메커니즘을 추측할 수 있다. 다양한 감염 실험이나 임상시험의 데이터를 분석하는 경우에 수학적 모델의 역학 구조를 이해하는 것은 매우 중요한 일이다. 여기서는 바이러스 역학의 임계치 원리와 기본적인 수리 모델(2.1)의 평형 상태와 안정성에 대해 개괄적으로 설명한다.

바이러스 동역학의 임계치 원리

모든 바이러스가 다양한 환경에서 바이러스 복제 과정을 반복적으로 수행할 수 있는(바이러스가 증식한다[3])것은 아니다. 이는 표적 세포의 개수, 바이러스의 감염 효율, 바이러스 생산의 효율 등 다양한 요인에 따라 결정된다. 이러한 요인들을 복합적으로 고려하여 바이러스가 증식할 수 있는 조건, 즉 바이러스 증식의 임계치를 생각한다.

감염 초기의 바이러스 동역학은 쉬운 수학적 모델(2.6)로 설명할 수 있다는 점에 유의한다. 또한 (2.6)을 벡터와 행렬로 정리하면, 다음과 같이 나타낼 수 있다.

$$\begin{pmatrix} \frac{dI(t)}{dt} \\ \frac{dV(t)}{dt} \end{pmatrix} = \begin{pmatrix} -\delta & \beta T(0) \\ p & -c \end{pmatrix} \begin{pmatrix} I(t) \\ V(t) \end{pmatrix} \tag{2.11}$$

여기서 (2.11)의 행렬을 M이라고 정의한다.

$$M = \begin{pmatrix} -\delta & \beta T(0) \\ p & -c \end{pmatrix}$$

(2.11)은 선형 상미분방정식이기 때문에 다음과 같은 해석해가 존재하는 것으로 알려져 있다[225]

3 여기서는 감염 초기에서 감염된 세포, 바이러스 입자가 동시에 지수적으로 증식한다고 생각한다.

$$\begin{pmatrix} I(t) \\ V(t) \end{pmatrix} = \exp(Mt) \begin{pmatrix} I(0) \\ V(0) \end{pmatrix} \tag{2.12}$$

2차 정방행렬 M에 대해서 행렬식 $\det(\theta E - M)$은 θ에 대한 2차의 다항식이며 이것을 행렬 M의 고유 다항식이라고 한다(E는 2차 단위 행렬이다). 또한, $\Phi_M(\theta)$을 M의 고차다항식이라고 했을 때,

$$\Phi_M(\theta) = \theta^2 + (\delta + c)\theta + \delta c + \beta p T(0) = (\theta - \theta_1)(\theta - \theta_2) \tag{2.13}$$

로 인수분해가 된다. θ_1와 θ_2는 고유 방정식 $\Phi_M(\theta) = 0$의 해이며, 행렬 M의 고윳값이라고 불린다. 여기서, θ_1, θ_2는 다음과 같이 나타낼 수 있다.

$$\begin{aligned} \theta_1 &= \frac{-(\delta + c) + \sqrt{(\delta - c)^2 + 4\beta p T(0)}}{2} \\ \theta_2 &= \frac{-(\delta + c) - \sqrt{(\delta - c)^2 + 4\beta p T(0)}}{2} \end{aligned} \tag{2.14}$$

여기서, 고유 다항식(2.13)은

$$\frac{1}{\Phi_M(\theta)} = \left(\frac{1}{\theta - \theta_1} - \frac{1}{\theta - \theta_2} \right) \frac{1}{\theta_1 - \theta_2} \tag{2.15}$$

로 부분분수 전개할 수 있다. (2.15)의 양변에 $\phi(\theta)$를 양변에 곱하면

$$1 = \frac{1}{\theta_1 - \theta_2} [(\theta - \theta_2) - (\theta - \theta_1)] \tag{2.16}$$

라는 θ에 관한 항등식을 얻게 된다. 항등식(2.16)은 행렬 M에 대해서

도 성립하기 때문에

$$\begin{aligned} E &= \frac{1}{\theta_1 - \theta_2}[(M - \theta_2 E) - (M - \theta_1 E)] \\ &= \frac{M - \theta_2 E}{\theta_1 - \theta_2} + \frac{-M + \theta_1 E}{\theta_1 - \theta_2} \end{aligned} \tag{2.17}$$

가 성립하게 된다. 그리고 (2.17)의 우변 각항에서 정의되는 행렬

$$P_1 = \frac{M - \theta_2 E}{\theta_1 - \theta_2}, \ P_2 = \frac{-M + \theta_1 E}{\theta_1 - \theta_2}$$

를 투영 행렬(projection matrix)이라고 한다[188, 221]. 따라서, 케일리－해밀턴의 정리[4]로 $\Phi_M(M) = 0$가 성립하면서, 투영 행렬 P_1과 P_2에 대한 다음과 같은 관계식을 얻을 수 있다.

$$\begin{aligned} (M - \theta_1 E)P_1 &= \frac{(M - \theta_1 E)(M - \theta_2 E)}{\theta_1 - \theta_2} = O \\ (M - \theta_2 E)P_2 &= \frac{-(M - \theta_1 E)(M - \theta_2 E)}{\theta_1 - \theta_2} = O \end{aligned} \tag{2.18}$$

또한, 투영 행렬 P_1과 P_2를 사용하면, 해법 (2.12)의 행렬 e^{Mt}는 다음과 같이 분해된다.
여기서 O은 2차 영행렬이다.
게다가, 투영 행렬 P_1, P_2를 이용하면

$$e^{Mt} = e^{Mt}(P_1 + P_2) = e^{(M - \theta_1 E)t} P_1 e^{\theta_1 t} + e^{(M - \theta_2 E)t} P_2 e^{\theta_2 t}$$

여기서 테일러 전개[206]와 관계식(2.18)을 사용하면

$$e^{(M-\theta_1 E)t}P_1 = \left[E+(M-\theta_1 E)t+\frac{(M-\theta_1 E)^2t^2}{2!}+\cdots\right]P_1 = P_1$$
$$e^{(M-\theta_2 E)t}P_2 = \left[E+(M-\theta_2 E)t+\frac{(M-\theta_2 E)^2t^2}{2!}+\cdots\right]P_2 = P_2$$

이 성립한다. $P_1+P_2=E$이므로 해석해(2.12)의 행렬 e^{Mt}은 다음과 같이 나타낼 수 있다.

$$e^{Mt} = P_1 e^{\theta_1 t} + (E-P_1)e^{\theta_2 t}$$

즉, 해석해 (2.12)는 다음과 같이 계산할 수 있다.

$$\begin{pmatrix} I(t) \\ V(t) \end{pmatrix} = P_1 \begin{pmatrix} I(0) \\ V(0) \end{pmatrix} e^{\theta_1 t} + (E-P_1)\begin{pmatrix} I(0) \\ V(0) \end{pmatrix} e^{\theta_2 t}$$

이상에서 감염 초기에서 시간 t의 감염된 세포 수 $I(t)$와 바이러스 입자 수 $V(t)$는

$$\begin{aligned} I(t) &= \frac{\beta T(0)V(0)-(\delta+\theta_2)I(0)}{\theta_1-\theta_2}(e^{\theta_1 t}-e^{\theta_2 t})+I(0)e^{\theta_2 t} \\ V(t) &= \frac{pI(0)-(c+\theta_2)V(0)}{\theta_1-\theta_2}(e^{\theta_1 t}-e^{\theta_2 t})+V(0)e^{\theta_2 t} \end{aligned} \tag{2.19}$$

와 같이 지수 함수 $e^{\theta_1 t}$, $e^{\theta_2 t}$의 합으로 나타낼 수 있다.

따라서, (2.14)를 토대로 $\theta_2<0$인 것에 주의하면 감염 초기에서 바이러스가 증식하려면 (2.19)에서 $\theta_1>0$을 충족할 필요가 있다. 여기서

$$\theta_1 > 0 \iff \frac{\beta p T(0)}{\delta c} > 1$$

이다. 이는 감염된 세포의 기본 재생산 수(2.10)가 1보다 큰 것과 일치한다. 즉, '바이러스 감염초기에 1개의 감염된 세포가 평생동안 생산하는 총 감염된 세포수가 1개보다 많으면 바이러스는 증식할 수 있다. 하지만, 일생 동안 생산하는 총 감염된 세포수가 1개보다 작으면 바이러스는 증식할 수 없다'는 것을 뜻한다. 바이러스 동역학에서 이러한 현상을 임계치 원리라고 하며 감염된 세포의 기본 재생산 수(2.10)가 정확히 1인 것이 바이러스 증식을 위한 임계치가 된다.

기본적인 수학적 모델의 평형상태

일부 바이러스 감염증의 경우 감염 후 일정 시간이 지나면 바이러스 양이 평형상태를 유지하는 경우가 있다. 이 평형상태에서 기본적인 수학적 모델(2.1)은 다음과 같은 관계식을 만족한다.

$$\begin{aligned} 0 &= \lambda - dT(t) - \beta T(t)V(t) \\ 0 &= \beta T(t)V(t) - \delta I(t) \\ 0 &= pI(t) - cV(t) \end{aligned} \tag{2.20}$$

이러한 관계식이 성립하는 해는 기본적인 수학적 모델(2.1)의 평형값이며 평형점이라고도 불린다. (2.20)에서 기본적인 수학적 모델(2.1)은 다음과 같은 2개의 평형점을 지닌다.

$$E_0 = (T_0, 0, 0),\ E_+ = (T_+, I_+, V_+) \tag{2.21}$$

여기서, (2.21)의 T_0, T_+, I_+, V_+은 다음과 같이 나타낸다.

$$T_0 = \frac{\lambda}{d}$$

$$T_+ = \frac{\delta c}{\beta p},\quad I_+ = \frac{\lambda}{\delta} - \frac{dc}{\beta p},\quad V_+ = \frac{\lambda c}{\delta c} - \frac{d}{\beta}$$

평형점 E_0은 표적 세포만 존재하고 감염된 세포, 바이러스 입자 모두 존재하지 않는 상태를 뜻한다. 즉, 바이러스에 감염하기 이전의 평형상태로 바이러스 입자가 완전히 제거된 평형 상태를 나타내고 있다. 한편으로, 평형점 E_+은 표적 세포, 감염 된 세포, 바이러스 입자가 모두 존재하는 바이러스 감염 후의 평형상태를 의미한다.

평형점 E_0은 T_0가 양수로 항상 생물학적으로 의미가 있는 범주 내에 존재한다[4]. 하지만 I_+ 또는 V_+는 음의 값을 가질 수 있기 때문에 평형점 E_+가 생물학적으로 의미를 갖는 범주에 존재하기 위해서는 다음의 조건을 충족할 필요가 있다.

$$R_0 = \frac{\beta p T_0}{\delta c} > 1 \tag{2.22}$$

$R_0 = 1$ 일 때는 평형점 E_0와 평형점 E_+은 일치한다.

(2.22)의 R_0을 고찰하기 위해 기본적인 수학적 모델(2.1)에서 바이러스에 감염되기 전 또는 바이러스 입자가 완전히 제거된 후의 상태를 고려한다. 이때 표적 세포의 동역학은 다음과 같은 미분 방정식으로 표현할 수 있다.

$$\frac{dT(t)}{dt} = \lambda - dT(t)$$

즉, 시간 t의 표적 세포 수는

4 세포수나 바이러스 입자수는 0 이상의 값이다. 바꿔 말하면 기본적인 수학적 모델(2.1)에서 생물학적으로 의미가 있는 범주라는 것은 $R_+^2 = \{T, I, V) \in R^2 | T \geq 0, I \geq 0, V \geq 0\}$로 정의되는 공간이다. 여기서 R^2은 3차원 유클리드 공간을 의미한다.

$$T(t) = \left[T(0) - \frac{\lambda}{d}\right]\exp(-dt) + \frac{\lambda}{d} \tag{2.23}$$

라는 해석해로 나타낼 수 있다. 따라서 (2.23)을 통해 시간 0에서의 표적 세포 수 $T(0)$가 0이 아닌 값이라면 시간이 충분히 지나면 표적 세포 수는 $T(t) = \lambda/d$에 가까워진다는 것을 알 수 있다. 일반적으로 생체의 항상성 기능에 의해 생체 내에서의 표적 세포 수는 일정한 값으로 유지된다는 것이 알려져 있다. 즉, 이 $T(t) = \lambda/d$이라는 값을 표적 세포의 일정한 값으로 생각할 수 있다. 또한, 표적 세포의 일정한 값은 $T(0)$와 일치하므로 바이러스에 감염되기 전의 표적 세포 수는 $T(0) = T_0$로 가정할 수 있다. 이는 (2.22)의 R_0가 (2.10)에서 정의되는 '기본적인 수학적 모델(2.1)에서의 감염된 세포의 기본 재생산 수[5]'인 것을 의미한다. 즉, 식(2.22)는 '감염된 세포의 기본 재생산 수가 1보다 크면 바이러스 양을 유지하는 평형상태인 E_+가 존재한다. 하지만, 기본 재생산 수가 1이하라면 바이러스에 감염하기 이전의 평형 상태, 즉 바이러스 입자가 완전히 제거된 평형 상태인 E_0만이 존재한다'는 것을 나타내고 있다.

기본적인 수학적 모델의 안정성

감염 초기에 바이러스가 증식할 수 있는지와 감염 후 시간이 지난 뒤 바이러스 양을 유지하는 평형상태가 존재하는지는 감염된 세포의 기본 재생산 수가 1보다 크거나 작은지에 따라 달라지는 것으로 밝혀졌다. 그러나 감염 후 일정 시간이 지난 후 수학적 모델(2.1)에서 설명되는 바이러스 동역학은 바이러스 입자가 완전히 제거된 평형상태인

5 통례적으로, 기본 재생산 수는 R_0(R nought라고 발음한다)로 표현되는 경우가 많다.

평형점 E_0에 가까워질지 아니면 바이러스 양을 유지하는 (만성 감염을 나타낸다) 평형상태인 평형점 E_+에 가까워지는지 또는 전혀 다른 상태로 될 것인지에 대해서는 알 수 없다. 여기서는 기본적인 수학적 모델(2.1)의 대국적 안정성[6](global stability)이라는 개념을 통해서 바이러스 동역학의 종착지에 대해 생각해 보겠다.

기본적인 수학적 모델(2.1)에 대해 다음과 같은 리아프노프 함수 [99, 152, 225]를 정의한다.

$$L_0(t) = (T(t) - T_0) - T_0(\log T(t) - \log T_0) + I(t) + \frac{\delta V(t)}{p} \quad (2.24)$$

여기서 (2.24)는 평형점 E_0에서만 0이 되며 다른 생물학적으로 의미가 있는 범주에서는 항상 양의 값이 된다. 그리고 바이러스 동역학이 기본적인 수학적 모델(2.1)을 따르기 때문에 리아프노프 함수인 $L_0(t)$을 시간에 대해 미분하면

$$\begin{aligned}\frac{dL_0(t)}{dt} &= \frac{dT(t)}{dt} - \frac{T_0}{T(t)}\frac{dT(t)}{dt} + \frac{dI(t)}{dt} + \frac{\delta}{p}\frac{dV(t)}{dt} \\ &= \frac{-d(T(t) - T_0)^2}{T(t)} + \frac{\delta c(R_0 - 1)V(t)}{p}\end{aligned} \quad (2.25)$$

로 계산할 수 있다. 즉, 기본 재생산 수 R_0가 1보다 작으면 평형점 E_0을 제외한 생물학적 의미가 있는 범위에서 (2.25)는 항상 음의 값이 된다. 이것은 바이러스 감염 후 시간이 지나면서 (2.24)의 값이 서서히 작아져 최종적으로는 0에 가까워진다는 것을 뜻한다. 따라서 (2.24)와 (2.25)가 평형점 E_0에서만 0이 된다는 점에 주목하며 기본 재생산 수

6 본 책에서는 안정성의 개념을 직관적인 설명만 했기 때문에 안정성과 그 주변의 엄밀한 논의에 대해서는 [152, 225]를 참고.

R_0이 1보다 작을 때에는 바이러스 동역학은 평형점 E_0에 가까워진다고 이야기할 수 있다.

평형점 E_+에 대한 토론을 하기 위해 다음과 같은 리아프노프 함수를 정의한다[114].

$$
\begin{aligned}
L_+(t) = & (T(t) - T_+) - T_+(\log T(t) - \log T_+) \\
& + (I(t) - I_+) - I_+(\log I(t) - \log I_+) \\
& + \frac{\delta}{p}[(V(t) - V_+) - V_+(\log V(t) - \log V_+)]
\end{aligned}
\tag{2.26}
$$

여기서 (2.26)은 평형점 E_+에서만 0이 되며, 다른 생물학적 의미를 지닌 범주에서는 항상 양의 값이 된다. 마찬가지로, 바이러스 동역학이 기본적인 수학적 모델(2.1)을 따르기 때문에, 리아프노프 함수 $L_+(t)$는

$$
\begin{aligned}
\frac{dL_+(t)}{dt} = & \frac{dT(t)}{dt} - \frac{T_+}{T(t)}\frac{dT(t)}{dt} + \frac{dI(t)}{dt} - \frac{I_+}{I(t)}\frac{dI(t)}{dt} \\
& + \frac{\delta}{p}\left(\frac{dV(t)}{dt} - \frac{V_+}{V(t)}\frac{dV(t)}{dt}\right) \\
= & dT_+\left(2 - \frac{T(t)}{T_+} - \frac{T_+}{T}(t)\right) \\
& + \delta I_+\left(3 - \frac{T_+}{T(t)} - \frac{I(t)V_+}{I_+V(t)} - \frac{T(t)I_+V(t)}{T_+I(t)V_+}\right)
\end{aligned}
\tag{2.27}
$$

로 계산할 수 있다. 산술-기하 평균 부등식의 관계를 이용하면 평형점 E_+을 제외한 생물학적으로 의미를 지닌 범위에 있어 (2.27)은 항상 음의 값이 된다. 따라서 (2.26)와 (2.27)이 평형점 E_+에서만 0이기 때문에 기본 재생산 수 R_0이 1보다 클 때에 바이러스 동역학은 평형점

E_+에 가까워진다고 할 수 있다.

지금까지의 내용을 바탕으로 기본 재생산 수 R_0가 1 이하에서는 평형점 E_+이 존재하지 않는다는 것에 의하여 '감염된 세포의 기본 재생산 수가 1보다 클 때, 바이러스 동역학은 바이러스 양을 유지하는 평형상태인 E_+에 가까워진다. 하지만 기본 재생산 수가 1 이하라면 바이러스 입자가 완전히 제거된 평형 상태인 E_0에 가까워진다.'라는 것을 밝혔다.

2.2 생체 내 바이러스 동역학

세포 생물학, 유전자 공학, 분자 생물학의 발전으로 바이러스 감염에 따른 바이러스의 다양한 기능과 면역계의 구조가 서서히 알려지게 되었다. 지금까지의 실험 과학적 방법과 더불어 수학적 모델링이라는 새로운 관점에서 바이러스학 연구를 하여 실험 결과를 바탕으로 지금까지 실험만으로 알 수 없었던 바이러스 동역학의 특성을 밝힐 수 있다. 이번 장에서는 기본적인 수학적 모델(2.1)을 이용하여 바이러스 감염의 실험 데이터를 분석해 나간다. 그리고 이것을 통해 알게 되는 생체 내 바이러스 동역학을 소개한다.

2.2.1 사람 인체 내의 A형 인플루엔자 바이러스 동역학

인플루엔자 바이러스에는 A, B, C의 3종류가 있고 사람을 감염시키는 것은 주로 A형 인플루엔자 바이러스이다. 인플루엔자 바이러스의 바이러스 입자는 지질 이중막(외피)으로 덮여 있고 그곳에 2종류의 바이러스 단백질이 가시처럼 튀어 나와 있다. 그 중 하나는 헤마글루티닌(HA)이라고 불리며, 또 하나는 뉴라미타제(NA)라고 하는 효소이다.

HA에는 16종류가 있으며, NA에는 9종류가 있다. 이론적으로는 144종류의 A형 인플루엔자가 존재하며 이 중 사람에게 감염되는 것은 주로 H1N1, H2N2, H3N2이다[223].

A형 인플루엔자 바이러스는 기도 상피 세포를 감염시키면서 바이러스 복제를 시작한다. 바이러스가 표적 세포를 감염시킨 후 새로운 바이러스 입자가 생성되기까지의 시간은 암흑기(혹은 이클립스기)라고 하며, 평균 3시간에서 12시간 사이이다. 그리고 일반적으로 감염 후 0.5일~1일 후에 바이러스가 배출되며 약 2일 후에 절정을 이룬다. 그리고 이후 점차적으로 바이러스 배출량이 감소해 간다[11]. 이처럼 A형 인플루엔자 바이러스의 급성 감염은 평균적으로 감염 후 7~10일 동안 지속된다. 아래에서는 자원자 감염 실험을 통해 정량화된 인체 내 A형 인플루엔자 바이러스 동역학에 대해 설명한다.

자원자를 대상으로 한 A형 인플루엔자 바이러스 감염 실험

자원자를 대상으로 한 감염 실험은 인체 내에서 인플루엔자 바이러스 동역학을 알 수 있는 유일한 방법이라고 할 수 있다. 이러한 감염 실험에서는 감염된 시간을 명확하게 알 수 있고, 바이러스 배출과 증상을 상세하게 기록할 수 있다. 또한, 접종 바이러스에 강한 면역반응이 없는 숙주를 선택할 수 있다. 따라서 이러한 감염 실험을 통해 인플루엔자 바이러스의 자연적 감염 이력을 분석할 수 있게 된다. 여기서는 *Baccam P. et al.* [8]에 의해 분석된 자원자의 인플루엔자 바이러스 A형 / Hong Kong / 123 / 77 (H1N1) 감염의 실험 데이터 [149]를 사용한다. 이러한 자원자를 대상으로 하는 바이러스 감염 실험은 리뷰 논문 [18]에 자세하게 정리되어 있다.

그림 2.5에서는 [8]에서 사용된 감염 실험 데이터에 대해 간략히 설명한다. 이 감염 실험에서는 6명의 비감염자 자원자에게 $0.5 \times 10^{4.2}$ $TICD_{50}$의 인플루엔자 바이러스 A형 / Hong Kong / 123 / 77를 비강

내로 감염시킨다. 또한 실험 전 스크리닝에서 6명의 비감염자 자원자들은 최근 접종 바이러스와 가까운 바이러스에 감염되지 않는 것으로 알려져 있다. 감염 실험 결과로 이들 모두 접종 바이러스에 감염된 것으로 확인되었으며 그 중 5명은 발열 또는 전신증상을 보였다. 표 2.1은 감염 후 1주일 동안 비강 내 점액을 채취하여 시간 경과에 따라 측정한 일일 바이러스 감염 역가($TICD_{50}$/ml)이다. **그림 2.5**에서 6개의 가는 선은 6명의 바이러스 감염 역가의 시계열 동역학을 나타낸다. 또한 검은색 점과 굵은 선은 각 측정시 바이러스 감염 역가의 평균값을 나타내며 앞으로는 감염 후 7일까지의 평균값을 이용하여 분석한다.

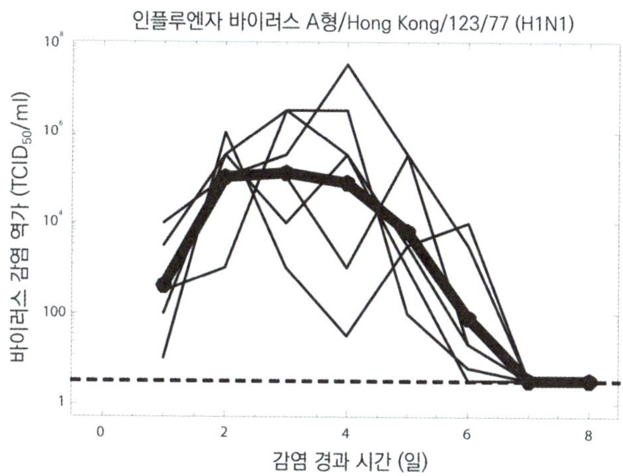

그림 2.5

인플루엔자 바이러스 A형 / Hong Kong / 123 / 77 (H1N1)의 감염 역가의 시계열 동역학: 6개의 가는 선은 6명의 자원자 각각의 바이러스 감염 역가 동역학을 나타내고 있으며 가로 점선은 바이러스 감염 역가의 검출 한곗값을 나타낸다. 검은색 점과 굵은 선은 각 측정시 바이러스 감염 역가의 평균값이다. 데이터는 *Baccam P. et al.*의 논문 [8]에 기재된 값을 사용했다.

표적 세포가 보충되거나, 사멸이 없는 수학적 모델에 의한 분석

자원자의 바이러스 감염 실험의 시간 척도에서 A형 인플루엔자 바이러스의 표적 세포인 기도 상피세포는 대부분 보충(재생)되지 않는다($\lambda \ll 1$)고 생각할 수 있다. 또한, 이러한 표적 세포의 평균 수명이 매우 길기 때문에 표적 세포의 사멸은 거의 일어나지 않는다($d \ll 1$)고 가정할 수 있다. 따라서 다음과 같은 표적 세포의 보충 및 사멸되는 작용을 고려하지 않은 기본 모델을 이용하여 A형 인플루엔자 바이러스의 급성 감염 동역학을 설명할 수 있다[8, 11].

표 2.1

환자	감염 경과 시간 (일): 바이러스 감염 역가							
	1	2	3	4	5	6	7	8
1	2.0	5.5	4.0	5.5	3.0	≦0.5	≦0.5	≦0.5
2	1.0	6.0	3.0	1.5	3.5	1.3	≦0.5	≦0.5
3	2.5	5.0	5.0	3.0	5.5	3.5	≦0.5	≦0.5
4	3.5	5.5	6.5	5.5	3.5	4.0	≦0.5	≦0.5
5	2.5	3.0	6.5	6.5	2.0	0.8	≦0.5	≦0.5
6	4.0	5.0	5.5	7.5	5.5	1.3	≦0.5	≦0.5
평균	2.6	5.0	5.1	4.9	3.8	1.9	≦0.5	≦0.5

6명의 감염되지 않은 자원자를 대상으로 한 인플루엔자 바이러스 A형 / Hong Kong / 123 / 77 (H1N1)의 감염 실험 데이터: 표의 데이터는 비강 내 점액 1ml안에 바이러스 감염 역가 $\log_{10}$ $TICD_{50}$이다(즉, $\log_{10}$ $TICD_{50}$/ml이다). 데이터는 *Baccam P. et al.*의 논문 [8]에 기재된 값을 이용했다.

$$\begin{aligned} \frac{dT(t)}{dt} &= -\beta T(t)V(t) \\ \frac{dI(t)}{dt} &= \beta T(t)V(t) - \delta I(t) \\ \frac{dV(t)}{dt} &= pI(t) - cV(t) \end{aligned} \tag{2.28}$$

수학적 모델(2.28)에서 $T(t)$는 기도 상피의 전체 표적 세포 개수를 나타내며 성인은 보통 $T(0) = 4 \times 10^8$(cells) 정도라고 가정한다[8]. $I(t)$는 기도 상피의 모든 감염된 세포 개수를 의미하고 있다. $V(t)$는 비강의 점액 내 감염성이 있는 바이러스 입자수를 반영한 값인 ($TICD_{50}$/ml)이다[7]. 매개변수 β는 단위 시간당 감염성 바이러스 입자당 감염률, 매개변수 p는 단위 시간당 감염성 바이러스 입자의 생산 비율, 매개변수 c는 단위 시간당 감염성 바이러스 입자의 감염성 상실을 포함한 제거율이다. 실제로는 감염된 세포에서 비감염성 바이러스 입자가 생성되지만 수학적 모델(2.28)에서는 이러한 바이러스를 고려하지 않는다(감염성 및 비감염성 바이러스 입자를 고려한 수학적 모델은 [104]를 참조). 또한, 본 감염 실험에서 바이러스 복제는 비강의 점액 내 포함된 A형 인플루엔자 바이러스 입자 개수 $V(0)$($TICD_{50}$/ml)에 해당하는 바이러스 입자가 기도 상피 세포에 섭취됨으로써 시작되었다고 가정한다.

A형 인플루엔자 바이러스의 동역학을 정량화 하기 위해 수학적 모델(2.28)에 있는 각 매개변수를 추정해 나간다. 표 2.1의 바이러스 감염 역가와 수학적 모델(2.28)의 해의 오차를 다음과 같은 목적 함수로 정의한다.

$$J(\theta) = \sum_{i=1}^{7} \left(\log V(t_i) - \log \widetilde{V}(t_i)\right)^2 \qquad (2.29)$$

t_i는 측정한 감염 경과 시간(1일에서 7일 사이)이며, $\widetilde{V}(t_i)$는 각 측정 시간에서의 바이러스 감염 역가를 나타낸다. 그리고 $\theta = (V(0), \beta, \delta, p, c)$는 수학적 모델(2.28)에서 감염 실험 데이터를 바탕으로 추정되

7 비강의 점액 내에 있는 단위 감염성 바이러스 입자가 어느 정도의 $TICD_{50}$/ml를 나타내는지는 알 수 없다.

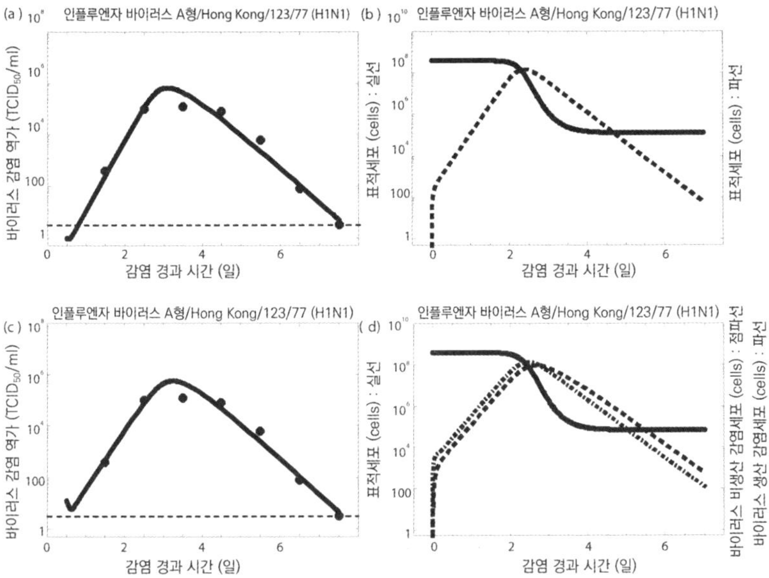

그림 2.6

기본 모델(2.28)와 개량 모델(2.30)을 이용한 자원자의 인플루엔자 바이러스 A형 / Hong Kong / 123 / 77 (H1N1) 감염 실험의 데이터 피팅: (a)는 기본 모델(2.28)의 바이러스 감염 역가 동역학, (b)의 실선은 표적 세포 개수의 동역학, 파선은 감염된 세포수에 대한 동역학이다. 비선형 최소제곱법에서 목적 함수 (2.29)를 최소화하는 최적의 매개변수는 $V(0)=0.961(TICD_{50}/ml)$, $\beta=1.157\times10^{-5}((TICD_{50}/ml)^{-1}\cdot day^{-1})$, $p=2.009\times10^{2}(TICD_{50}/ml\cdot day^{-1})$, $\delta=3.412(day^{-1})$, $c=3.381(day^{-1})$이다. 한편, (c)는 개선된 모델(2.30)에서의 바이러스 감염 역가의 동역학, (d)의 실선은 표적 세포수의 동역학, 점선은 바이러스를 만들어내지 않는 세포 수에 대한 동역학, 파선은 바이러스 생산 세포 수의 동역학을 나타내고 있다. 비선형 최소제곱법에 의해서 목적 함수 (2.31)를 최소화하는 가장 적합한 매개변수는 $V(0)=12.41(TICD_{50}/ml)$, $\beta=1.466\times10^{-5}((TICD_{50}/ml^{-1}\cdot day^{-1})$, $p=5.826\times10^{-2}(TICD_{50}/ml\cdot day^{-1})$, $\delta=3.934(day^{-1})$, $c=9.575(day^{-1})$, $\epsilon=3.274(day^{-1})$이다. 그리고 (a), (c)의 가로 점선은 바이러스 감염 역가의 검출 한곗값을 나타내고 있다.

는 매개변수이며 $V(t_i)$는 θ의 함수라는 점에 유의해야 한다. 비선형 최소제곱법을 이용하여 목적 함수 (2.29)를 최소화하는 최적의 매개변수를 추정할 수 있다. **그림 2.6** (a)(b)는 최적의 매개변수를 사용하여 계산한 수학적 모델(2.28)의 A형 인플루엔자 바이러스의 급성 감염 동역학이다. (a)는 바이러스 감염 역가의 동역학, (b)의 실선은 표적 세포 수의 동역학, 파선은 감염된 세포 수의 동역학을 나타내고 있다.

바이러스 비생산 세포를 포함한 수학적 모델의 분석

기본적인 수학적 모델(2.28)에서는 A형 인플루엔자 바이러스에 감염된 모든 기도 상피 세포의 개수를 $I(t)$라고 한다. 하지만, A형 인플루엔자 바이러스가 표적 세포에 감염된 후 일반적으로 6시간에서 8시간동안은 새로운 바이러스 입자가 검출되지 않는다고 알려져 있다[8, 10, 11, 88]. 이러한 '바이러스가 표적 세포를 감염시키는 순간부터 새로운 바이러스 입자를 생성하기까지의 시간'을 고려한다. 이를 위해 감염된 세포를 바이러스 비생산 세포(바이러스에는 감염되었지만 자손 바이러스 입자를 생성하지 않는 세포)와 바이러스 생산 세포(바이러스에 감염되고 자손 바이러스 입자를 생산해내는 세포)로 구분 지을 수 있다. 즉, 바이러스를 생산하지 않는 세포의 개수를 $I_1(t)$ 바이러스 생산하는 세포 개수를 $I_2(t)$라고 정의하면 A형 인플루엔자 바이러스의 급성 감염 동역학을 정리한 수학적 모델은 다음과 같다[8, 10, 11].

$$
\begin{aligned}
\frac{dT(t)}{dt} &= -\beta T(t)V(t) \\
\frac{dI_1(t)}{dt} &= \beta T(t)V(t) - \epsilon I_1(t) \\
\frac{dI_2(t)}{dt} &= \epsilon I_1(t) - \delta I_2(t) \\
\frac{dV(t)}{dt} &= pI_2(t) - cV(t)
\end{aligned}
\tag{2.30}
$$

매개변수 ϵ는 단위 시간당 바이러스 비생산 세포가 생산 세포가 되는 비율을 표시하고 있다. 또한, 표 2.1의 바이러스 감염 역가와 수학적 모델(2.30)의 값의 오차를 다음과 같은 목적 함수로 정의한다.

$$J(\theta') = \sum_{i=1}^{7}\left(\log V(t_i) - \log \widetilde{V}(t_i)\right)^2 \tag{2.31}$$

$\theta' = (V(0),\ \beta,\ \epsilon,\ \delta,\ p,\ c)$는 감염 실험 데이터에서 추정할 수 있는 수학적 모델(2.30)에서의 매개변수 값이다. **그림 2.6** (c)(d)는 목적 함수 (2.31)를 최소로 만드는 최적 매개변수를 이용하여 계산한 수학적 모델(2.30)의 A형 인플루엔자 바이러스에 대한 급성 감염 동역학이다. (c)는 바이러스 감염 동역학, (d)의 실선은 표적 세포 수, 점선은 바이러스 비생산 세포 수, 파선은 바이러스 생산 세포 수의 동역학을 나타내고 있다.

인체 내의 A형 인플루엔자 바이러스 동역학의 지표

6명의 비감염자의 자원자를 대상으로 한 인플루엔자 바이러스 A형 / Hong Kong / 123 / 77 (H1N1) 감염 실험을 통해 추정된 최적의 매개변수를 이용하여 계산한 바이러스 동역학의 지표(바이러스 입자, 감염된 세포의 반감기, 바이러스 버스트 크기, 기본 재생산 수)는 표 2.2에 정리했다[8]. 상단에는 기본적인 수학적 모델(2.28)에서 추정된 값, 하단에는 바이러스 비생산 세포를 고려한 수학적 모델(2.30)에서 추정되는 값이다. 바이러스 비생산 세포를 고려한 수학적 모델인 (2.30)에 대한 기본 재생산 수는 기본적인 수학적 모델(2.28)과 같은 매개변수로 이루어진 함수임에 주의한다. 더불어 수학적 모델(2.30)에서는 감염된 세

8 *Baccam P. et al.*의 논문 [8]에서는 6명의 자원자 각각의 A형 인플루엔자 바이러스 감염에 대한 바이러스 동역학의 지표를 계산하고 있다.

포를 바이러스 비생산 세포와 생산 세포 2가지의 집단으로 나누면서 더 상세하게 감염 동태를 반영할 수 있지만 ϵ이라는 한 개의 매개변수를 추가하게 되었다. 본 감염 실험 데이터 분석에서 ϵ을 추가하는 것은 통계적 관점에서는 충분히 정당화된 것은 아니지만 수학적 모델(2.30)을 이용한 정량화된 바이러스 동역학은 더욱 현실적이게 된다[8] (하지만 복잡한 수학적 모델이 무조건 좋은 것은 아니다). 예를 들어, 기본적인 수학적 모델인 (2.28)에서 추정된 감염된 세포의 평균 수명 $(1/\delta)$은 약 7시간으로 짧기에 현실적이지는 않다. 한편, 바이러스 비생산 세포를 고려한 수학적 모델(2.30)에서 추정된 감염된 세포의 평균 수명(바이러스 비생산 세포의 평균 수명$(1/\epsilon)$과 바이러스 생산 세포의 평균 수명$(1/\delta)$의 합)은 약 13시간이며 직접 실험에서 관측된 값에 가까워지고 있다[81, 227]. 이런 방법으로 적절한 수학적 모델을 이용함으로써 감염 실험 데이터에서 보다 상세한 바이러스 감염 동역학을 분석하고 밝혀내는 것이 가능해진다.

표 2.2

바이러스 감염 지표	바이러스 입자의 반감기 (시간)	감염세포의 반감기 (시간)		방출량 $(TCID_{50}/ml)$	기초재생산 수
		바이러스 비 생산 세포의 반감기 (시간)	바이러스 생산 세포의 반감기 (시간)		
기본 모델	4.87	4.92		5.89×10^{-3}	8.06
개량 모델	1.74	5.08	4.23	1.48×10^{-2}	9.07

인플루엔자 바이러스 A형/Hong Kong/123/77 (H1N1)의 바이러스 입자, (비활성화/ 활성화) 감염된 세포의 반감기$(\log 2/c \cdot \log 2/\epsilon \cdot \log 2/\delta)$, 바이러스 버스트 크기$(p/\delta)$, 기본 재생산 수$(\beta p T(0)/\delta c)$: 상단은 기본적인 수학적 모델(2.28)에서 추정된 값, 하단은 바이러스 비생산 세포를 고려한 수학적 모델(2.30)의 추정된 값이다. 또한, 기도 상피의 모든 표적 세포 개수는 $T(0) = 4 \times 10^8$(cells)로 고정한다.

정리

여기서는 기본적인 수학적 모델(2.28)과 바이러스 비생산 세포를 고려한 수학적 모델(2.30)을 이용해 6명의 비감염자 자원자들을 대상으로 인플루엔자 바이러스 A형 / Hong Kong / 123 / 77 (H1N1)의 감염 실험 데이터를 분석했다. 하지만, 이러한 2개의 수학적 모델은 매우 단순하며 더 자세한 생물학적 요인을 적용하여 발전시킬 수 있다. 예를 들면, *Holder BP. et al.*의 논문 [88]에서는 감염된 세포를 바이러스 비생산 세포와 바이러스 생산 세포로 구분하는 대신 바이러스 감염된 세포가 바이러스 입자를 만들어 내기까지의 시간 분포를 고려한 수학적 모델을 고려한다. *Baccam P. et al.*의 논문 [8]에서는 숙주의 면역 반응 중 하나인 인터페론의 영향을 고려한 수학적 모델을 이용하여 분석하였다. 인터페론은 인플루엔자 바이러스의 복제를 억제하는 작용을 하며 이러한 억제효과로 인해 **그림 2.5**에서 확인되는 바이러스 감염 역가의 최대값이 2개로 나뉜다는 것을 설명할 수 있다. 그리고 A형 인플루엔자 바이러스의 감염에서는 감염 후 약 5~6일로 바이러스에 특이적인 항체반응 혹은 세포독성 T 세포가 검출된다는 것이 알려져 있다. *Miao H. et al.*의 논문 [140]에서는 마우스를 이용한 A형 인플루엔자 감염 실험 데이터 분석을 통해서 이러한 면역 반응을 정량화한다. 위처럼, 생체 내 인플루엔자 바이러스와 면역 반응에 대한 동역학을 자세하게 정량적으로 분석하는 것은 지금까지의 실험적 연구 방법에서는 알 수 없었던 부분을 이해할 수 있었다. 구체적인 예로는 트로피즘의 차이에 의한 바이러스 복제 효율의 차이[53], 다른 바이러스 종류별 (예를 들어 계절성 인플루엔자와 신종 인플루엔자 등) 바이러스 복제 효율, 증상의 차이 [143]와 항바이러스 치료 효과의 차이 [54], 게다가 항바이러스 치료 중 약물 내성 바이러스 출현의 메커니즘 [76] 등이 있다. 수학적 모델을 이용한 A형 인플루엔자 바이러스의 동역학 정량화에 관한 연구는 리뷰 논문 [11]에 자세히 정리되어 있다.

칼럼

A형 인플루엔자 바이러스

호카이도 대학 인수 공통 감염병 조사 센터 – 이토우 키미히토 / 타카다 아야토

A형 인플루엔자 바이러스는 사람 포함 포유 동물과 새를 감염시키는 인수 공통 감염병 병원체로 오랜 기간 동안 사람과 가금류, 가축류에 막대한 피해를 주었다[218]. A형 인플루엔자 바이러스는 입자 표면에 헤마글루티닌(HA)과 뉴라미니다제(NA)라는 2개의 스파이크 당단백질을 가지고 있으며 HA와 NA의 항원성에 따라 각각 16종의 HA(H1－H16)와 9종의 NA(N1－N9)로 분류된다(**그림 2.7**). 즉 HA와 NA의 조합으로 총 144종의 A형 인플루엔자 바이러스가 지구상에 존재한다고 알려져 있다[62]. 이 모든 종류의 바이러스는 자연 숙주인 오리와 같은 야생의 가금류에서 유래한 것으로 생각된다[113, 112, 213]. 일반적으로 오리 등은 A형 인플루엔자 바이러스에 감염되어도 증상이 나타나지 않는다. 하지만, 이러한 바이러스의 일부가 다른 숙주에 옮겨 가서 높은 증식성을 가지면 감염병을 야기시킨다.

사람의 인플루엔자의 세계적 대유행(팬데믹)은 야생 물새의 바이러스가 가금류와 가축류에서 유행한 이후 사람을 감염시키고 인구집단에서 효율적으로 증식하면서 일어나게 된다. 20세기에서는 3종류의 A형 바이러스가 신종 인플루엔자 바이러스로 출현하여 전세계에 막대한 양의 사망자를 기록했다(1918년 H1N1: 스페인 독감, 1957년 H2N2: 아시아 독감, 1968년 H3N2: 홍콩 독감). 그리고 2009년에는 돼지의 바이러스에서 유래된 유전자를 가진 H1N1 바이러스가 사람에게 전파되어 남북 아메리카 대륙에서 유행이 시작되어 세계적 대유행으로 발전한 것은 여전히 선명하게 기억에 남아있다[157, 199].

그림 2.7은 A형 인플루엔자 바이러스의 구조를 나타내고 있다. A형

인플루엔자 바이러스는 8개의 마이너스 가닥의 RNA 조각을 유전자로 지니고 있으며 이러한 유전자에는 PB2, PB1, PA, HA, NP, NA, M1, M2, NS1, NS2 등의 바이러스 단백질이 코딩되어 있다. 바이러스 입자 표면에 있는 HA는 숙주 세포 표면의 시알산 수용체에 결합하고 숙주 세포 막과 바이러스 외피와의 막 융합을 일으키며 세포 내에 바이러스 유전자와 바이러스 단백질을 내보낸다. 바이러스의 RNA 중합 효소 (PA, PB1, PB2)는 핵 내에서 바이러스 유전자를 증폭시킨다. 또한, 숙주 세포는 RNA 중합 효소에서 전사되는 mRNA에서 바이러스 단백질을 합성한다. 여기서 새로 증폭되거나 합성한 바이러스 유전자와 바이러스 단백질은 세포 표면에서 선택적으로 결합하여 자손 바이러스 입자를 만들어낸 후 세포 내에 방출된다.

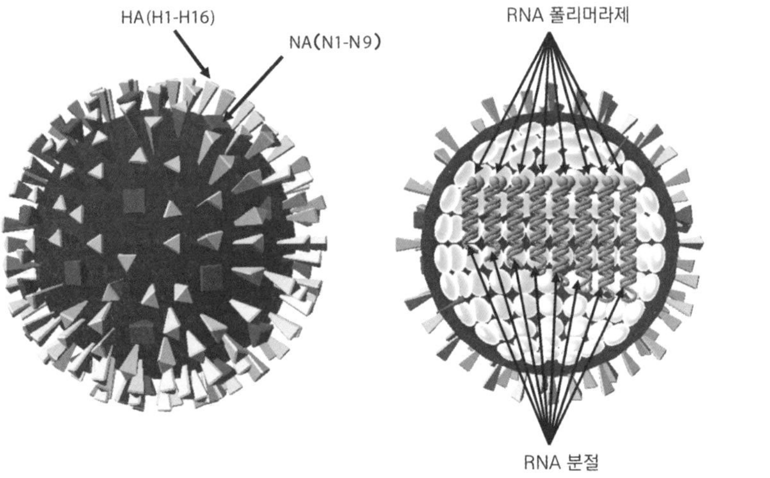

그림 2.7

인플루엔자 바이러스의 구조를 표현한 그림: A형 인플루엔자 바이러스는 입자 표면에 헤마글루티닌(HA)와 뉴라미니다제(NA)라는 2개의 스파이크 당단백질을 가진다. 그리고 HA와 NA의 항원성에 의해 각각 16종류(H1 – H16)의 HA, 9종류(N1 – N9)의 NA로 분류된다(왼쪽). 입자 내부에는 8개의 마이너스 가닥의 RNA 조각과 RNA 중합 효소 등의 구조 단백질이 존재한다(오른쪽).

사람의 적응 면역은 인플루엔자 바이러스의 자연 면역이나 백신 접종으로 인해 HA를 이물질(항원)로 감지하여 바이러스의 감염성을 잃게 하는 중화항체의 생성을 유도하고 HA와 결합성이 높은 항체를 면역기억으로 유지한다. 한편, 숙주 세포에서 새로 만들어지는 자손 바이러스는 기존의 바이러스 유전자에 비해 수십만 염기 중 하나 정도의 비율로 무작위로 돌연변이를 가지 변이체 집단이다[164]. 인플루엔자 바이러스가 인간 집단에서 유행하기 시작하면 무작위 변이를 한 유행 변이종 중에서 과거 바이러스 감염이나 백신 접종으로 인해 획득한 항체가 인식되지 않는 변이를 갖고 있는 바이러스 종류가 선택되어 서서히 우세해진다. 이렇게, 유행 변이종의 HA의 항원 결정 영역에 아미노산 치환이 해를 거듭하면서 축적되어 항원성이 크게 변화된 바이러스가 출현한다. 따라서 예전 유행 변이종에 대한 면역을 갖고 있어도 다시 인플루엔자에 걸릴 수 있으며 매년 전세계에서 계절성 인플루엔자가 유행한다.

계절성 인플루엔자는 일본에서 매년 수천 명 이상을 사망에 이르게 하고 수백 명 이상이 뇌 질환 혹은 장기부전을 일으키고 있으며 그에 대한 대책은 주요한 과제로 남겨진 채로 있다. 인플루엔자의 예방에는 백신 접종이 효과가 있지만 다양한 이유로 바이러스의 항원성이 바뀌기 때문에 유행 변이종에 맞게 백신을 제조하는 종류를 변화시킬 필요가 있다[14, 31, 121, 216]. WHO에서는 매년, 세계 각국에서 유행한 인플루엔자 바이러스를 수집하여 각 유행종의 항원성, 증식성을 분석하고 백신의 종류를 선정하고 있다. 백신 종류는 인플루엔자 유행 시즌이 오기 수 개월 전에 결정해야 하며 유행하는 바이러스의 항원성을 미리 예측하여 적절한 백신 종류를 선정하는 것이 중요하다. 최근 각국의 감시체계가 강화되면서 전세계적으로 유행하는 바이러스 균주의 항원성 및 유전정보가 데이터 베이스화 되어있다. 현재 이러한 정보들을 컴퓨터로 분석해 향후 발생할 변이를 예측하여 백신 종류를 미리 준비하려는 시도가 시작되고 있다[93, 95, 96]. 인플루엔자 바이러스의 진화를 정확하게 예측하는 방법이 개발된다면 보다 효과적인 백신 접종을 실천할 수 있을 것이다. 이를 위해서는 바이러스학, 응용 수학, 계산 과학 등 다양한 전문분야의 연구원들이 분야를 넘어 협력해 나가며 바이러스 진화나 감염 동역학을 정량적으로 연구해 나가야만 한다.

2.2.2 붉은털 원숭이 생체 내의 SHIV 동역학

후천성 면역 결핍증(HIV)의 숙주 범위는 인간과 침팬지로 한정되어 있기 때문에 실험동물을 이용하여 감염 증상을 연구하는 것은 현실, 윤리적으로 어렵다. 후천성 면역결핍 증후군(AIDS)을 재현하고 연구하기 위해서는 HIV와 가까운 종류인 원숭이 면역 결핍 바이러스(SIV)를 붉은털 원숭이에 감염시키는 동물 모델이 사용된다. 또한 HIV의 감염 메커니즘을 보다 정확하게 재현하기 위해 SIV의 게놈 일부를 HIV의 게놈으로 대체한 원숭이/사람 면역 결핍 바이러스(SHIV)가 만들어졌다. 이번 장에서는 SHIV에 감염된 붉은털 원숭이를 이용한 감염 실험을 소개한다[117, 118]. 그리고 실험 데이터를 분석하면서 밝혀진 붉은털 원숭이 생체 내의 SHIV 동역학(그 중 특히 기본 재생산 수)에 대해 설명한다.

붉은털 원숭이의 SHIV 감염 실험

SHIV 중에는 병원성이 매우 강하고 급성 발병을 보이는 것, 만성적인 경과를 보이는 것, 거의 병원성이 없는 것 등 다양한 바이러스 균주가 존재한다. 또한, 동일한 바이러스 균주라도 접종 경로나 접종량에 따른 증상 차이가 관찰되고 있다. 예를 들어, 급성 증상을 나타내는 바이러스 균주는 정맥 내에 접종으로 단기간에 면역 결핍 증상을 드러내기 때문에 백신이나 신규 치료제 평가를 위한 공격접종용 바이러스로 사용된다. 반면, 여러 세대를 걸친 신생아 개체로의 감염 실험 및 수직 감염으로 1년 이상의 경과관측에서 발병하지 않는 병원성이 약한 균주는 백신 개발의 연구 자료로 사용되기도 한다.

이번에는 급성 증상발현형 균주로 알려진 SHIV−KS661를 4마리의 붉은털 원숭이에게 10^4TICD$_{50}$만큼 정맥 내 접종한 후 13주 동안 관측한 감염 실험 데이터를 이용한다(표 2.3). 감염시킬 때 혈장 내 바이러

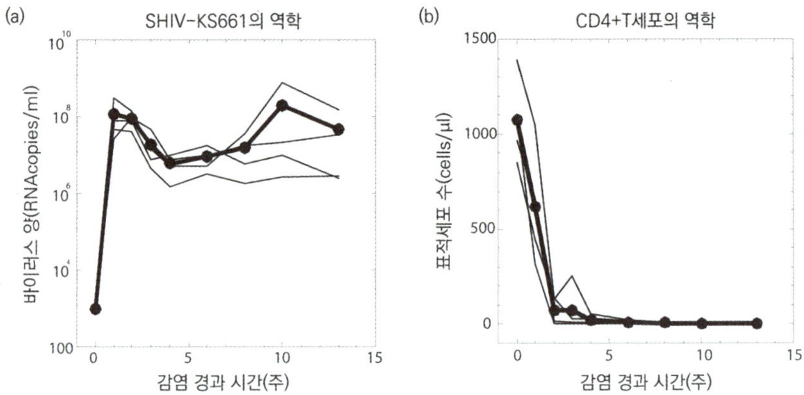

그림 2.8

SHIV－KS66에 감염된 붉은털 원숭이의 바이러스 양 및 표적 세포수의 시계열 동역학: 4개의 얇은 선은 4마리의 붉은털 원숭이 각각의 (a) 바이러스 양 및 (b) 표적 세포수 동역학을 나타내고 있다. 그리고 검은색 점과 두꺼운 선은 각각 측정했을 때의 바이러스 양과 표적 세포수의 평균값이다. 데이터는 교토대학 바이러스 연구소 영장류 모델 연구 영역의 미우라 토모유키 교수님께 제공받았다.

스 RNA 복제 수는 모든 원숭이에서 1.00×10^3(RNA copies/ml)이라고 가정한다. SHIV－KS661는 정맥 내 접종으로 붉은털 원숭이 4마리 중 4마리에서 높은 바이러스 양을 유지했으며 말초혈액 내 $CD4^+T$세포를 고갈시켰다[9]. 감염 후에 바이러스 특이적인 항체 생산은 대부분 이루어지지 않았고 흉선, 비장, 림프절 등의 조직파괴와 면역 결핍증이 일어나 16주에서 40주 정도에 기회감염 등으로 사망에 이르렀다. **그림 2.8** (a)의 4개의 얇은 선은 4마리의 붉은털 원숭이 각각의 혈장 1ml 내 SHIV－KS661의 RNA 복제 수(감염성 바이러스 입자와 비감염성 바이러스 입자의 합계)의 시계열 동역학이며, (b)는 말초혈액 $1\mu l$ 내 $CD4^+T$ 세포 수의 시계열 동역학을 나타내고 있다. 여기서, 검은색 점

9 $CD4^+T$세포가 고갈했음에도 불구하고 높은 바이러스 양을 유지할 수 있는 것은 감염 마크로파지로 인한 바이러스 생산 때문이다[92].

과 두꺼운 선은 각 측정 시의 데이터 평균값을 나타내고 있으며 앞으로의 분석은 이 값을 이용하기로 한다.

SHIV 감염 실험의 급성기 분석

기본적인 수학적 모델(2.1)을 이용하면 이전 장과 마찬가지로 비선형 최소제곱법으로 붉은털 원숭이 생체 내의 SHIV 동역학을 정량화할 수 있다. 예를 들어, 논문 [203]에서는 10마리의 HIV−1 감염자의 RNA 복제수의 임상 데이터를 수학적 모델(2.1) 및 숙주의 면역 반응을 고려한 수학적 모델로 분석하여 HIV−1 감염 급성기에서의 바이러스 동역학을 정량화 한다. 그리고 논문 [20]에서는 숙주의 면역 반응이 유도되기까지의 지연된 시간 [152]을 고려한 수학적 모델을 이용하여 같은 임상 데이터를 분석한다. 여기서는 감염 초기에 초점을 맞춰 실험 데이터를 분석해 붉은털 원숭이 생체 내의 SHIV 동역학을 정량화한다.

그림 2.8(a)에서 감염 급성기(약 4주째까지)에서 모든 붉은털 원숭이의 혈장 내 바이러스 양은 지수적 증가를 나타내며 최대치에 도달하게 된다. 이러한 감염 급성기의 바이러스 동역학은 기본적인 수학적 모델(2.1)을 이용해 다음과 같이 근사적으로 다룰 수 있다. 예를 들어, 바이러스 감염 전의 말초혈액 내 $CD4^+T$ 세포수는 일정한 값인 $T(0) = T_0$ (cells/μl)이며 바이러스 감염 후의 극초기에서도 이러한 값을 유지할 수 있다고 가정한다. 기본 재생산 수 $R_0 = \beta p T_0 / \delta c$가 1보다 클 때, 정맥 내로 접종된 소량의 바이러스 $V(0)$는 이러한 표적 세포를 감염시켜 새로운 바이러스를 지수적으로 증식시킨다. 감염 급성기의 바이러스 증식률(내적 자연 증가율) θ_g은 고유 다항식(2.13)의 고유 방정식 $\Phi_M(\theta) = 0$의 양수 값(식(2.14)에서의 θ_1)으로 나타낸다는 것에 유의하면,

$$\theta_g = \frac{-(\delta+c)+\sqrt{(\delta+c)^2-4\delta c(1-R_0)}}{2}$$

$$= \frac{-2\delta c(1-R_0)}{\delta+c+\sqrt{(\delta+2)^2-4\delta c(1-R_0)}}$$

가 성립한다. 따라서,

$$\frac{\theta_g}{\delta} = \frac{2(1-R_0)}{\frac{\delta}{c}+1+\sqrt{\left(\frac{\delta}{c}+1\right)^2-4\frac{\delta}{c}(1-R_0)}}$$

로 변형할 수 있다. 게다가 c가 δ와 비교해서 충분히 크다면 다음과 같은 관계식이 성립한다.

$$\theta_g = \delta(R_0-1) = \beta' T_0 - \delta \tag{2.32}$$

단, $\beta' = \beta p/c$이다. 실제로, 생체 내 바이러스 입자의 제거율인 c는 감염된 세포의 사망률 δ 또는 바이러스 증식률 θ_g에 비해 충분히 크다는 것이 알려져 있다[91, 134, 169, 170, 178, 226]. 따라서, 감염 급성기의 바이러스 양이 피크로 도달하기까지의 동역학은

$$V(t) = V(0)\exp(\theta_g t) \tag{2.33}$$

로 가까워진다. 여기서 $V(t)$의 단위는 RNA copies/ml이다. **그림** 2.9(a)의 파선은 근사식(2.33)의 바이러스 증식 동역학을 나타내며 그 기울기는 θ_g이다. 또한, (b)의 파선은 바이러스 감염 전 및 감염 후 초기의 $CD4^+T$ 세포 수 T_0를 나타낸다.

표 2.3

(a)

붉은털 원숭이	감염 경과 시간(주): 바이러스 양								
	0	1	2	3	4	6	8	10	13
MM298	1.00×10^3	7.75×10^7	7.75×10^7	7.55×10^6	9.90×10^6	1.75×10^7	5.85×10^6	1.00×10^7	2.55×10^6
MM299	1.00×10^3	3.10×10^8	1.40×10^8	1.40×10^7	5.10×10^6	5.10×10^6	3.55×10^7	7.40×10^8	1.45×10^8
MM338	1.00×10^3	4.50×10^7	4.00×10^7	4.55×10^6	1.50×10^6	3.20×10^6	1.75×10^6	2.70×10^6	2.80×10^6
MM339	1.00×10^3	2.50×10^7	9.70×10^7	4.65×10^7	7.40×10^6	9.75×10^6	1.75×10^7	2.15×10^7	3.30×10^7
평균	1.00×10^3	1.14×10^7	8.86×10^7	1.81×10^7	5.98×10^6	8.89×10^6	1.52×10^7	1.94×10^8	4.58×10^7

(b)

붉은털 원숭이	감염 경과 시간(주): 바이러스 양								
	0	1	2	3	4	6	8	10	13
MM298	1085.2	316.0	1.4	5.5	0	0	1.92	0	1
MM299	965.0	666.0	14.4	8.8	7.5	6.5	6.0	3.3	6.0
MM338	851.8	447.2	140.2	26.8	29.7	6.7	5.8	5.2	2.3
MM339	1390.6	1051.2	131.4	255.4	55.2	19.8	11.9	3.6	5.1
평균	1073.2	620.1	71.9	74.1	23.1	8.3	6.4	3.0	S3.6

4마리의 붉은털 원숭이를 대상으로 한 SHIV-KS661 감염 실험의 데이터: 표(a)의 데이터는 혈장 1ml 내 SHIV-KS661 RNA 복제 수를 나타내고 있다(RNA copies/ml가 단위). 또한, 표(b)의 데이터는 말초혈액 $1\mu l$내 $CD4^{+}T$ 세포수를 나타내고 있다(cells/μl가 단위). 데이터는 교토대학 바이러스 연구소 영장류 모델을 연구하는 미우라 토모유키 교수님께 제공받았다.

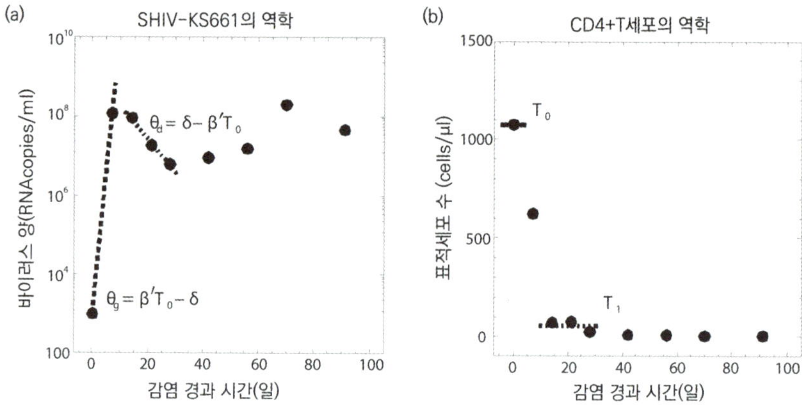

그림 2.9

SHIV−KS661에 감염된 붉은털 원숭이의 감염 급성기 분석: (a) 그림의 파선의 기울기는 바이러스 양이 최대치에 도달하기까지 (감염 후 0일에서 7일 사이)의 평균적인 바이러스 증식률 (θ_g)을 나타내고 있다. 또한, 점선의 기울기는 바이러스 양이 최대치에 도달한 후(감염 후 14일에서 28일 사이)의 평균적인 바이러스 감소 비율 (θ_g)을 나타내고 있다. 여기서, 선형 회귀로 인해 $\theta_g = 1.66$ 및 $\theta = 0.193$이라고 추정된다. (b) 그림의 파선은 바이러스 감염 전 및 감염 후 초기의 $CD4^+T$ 세포 개수 (T_0)를 나타내고 있다. 또한, 점선은 감염 후 14일에서 28일 사이의 평균 $CD4^+T$ 세포수 (T_1)를 표현하고 있다. 여기서, $T_0 = 1073$와 $T_1 = 56$은 붉은털 원숭이의 말초혈액 $1\mu l$ 내 직접 관측된 값으로 가정한다.

한편, **그림 2.8**(a)을 보면 바이러스 양은 최대치에 도달한 후 지수적으로 감소하기 시작한다. 이것은 **그림 2.8**(b)에 보이는 것처럼 바이러스의 표적 세포인 $CD4^+T$ 세포가 최대치 부근에서 고갈(급감소)하고 있는 것이 원인이다[10]. **그림 2.8**(b)에서 관측된 것처럼 바이러스 양이

10 SHIV−KS661는 X4 바이러스이며 공동 수용체인 CXCR4를 발현하는 $CD4^+T$ 세포군에 감염한다는 것이 알려져 있다[75, 117]. 말초혈액 내 $CD4^+T$ 세포의 대부분은 미접촉 $CD4^+T$ 세포이며 CXCR4를 발현한다. 따라서, 이번 붉은털 원숭이를 대상으로 한 SHIV 감염 실험에서는 그림 2.8(b)처럼 말초혈액 내 $CD4^+T$ 세포의 급격한 고갈이 관측된다. 하지

지수적으로 감소하는 동안(감염 후 14일에서 28일 사이) 말초혈액 내 $CD4^{+}T$ 세포 개수는 일정한 값인 T_1을 유지하고 있다고 가정할 수 있다. 또한, 생체 내 바이러스 입자의 제거율 c가 감염된 세포의 사망률 δ 보다 충분히 큰 것에 유의하면 특이섭동이론[209]으로 기본적인 수학적 모델(2.1)의 작용은 준 평행상태(quasi steady state)인 $0 = pI(t) - cV(t)$ 근처에서 생각할 수 있다[11]. 따라서, 바이러스 동역학은 다음과 같이 단순한 수학적 모델로 표현할 수 있다.

$$\begin{aligned} \frac{dT(t)}{dt} &= \lambda - dT(t) - \beta' T(t)I(t) \\ \frac{dI(t)}{dt} &= \beta' T(t)I(t) - \delta I(t) \end{aligned} \tag{2.34}$$

또한, 바이러스 양이 지수적으로 감소하는 동안 표적 세포 수 T_t는 일정한 T_1이라고 가정하고 있기 때문에 식(2.34)으로부터 감염된 세포 동역학은

$$\frac{dI(t)}{dt} = (\beta' T_1 - \delta)I(t)$$

로 나타낼 수 있다. 따라서, 감염 급성기에서 바이러스 양이 최고치에 도달한 후 지수적으로 감소할 때의 동역학은

만, HIV−1은 공동 수용체인 CCR5를 발현하고 있는 $CD4^{+}T$ 세포군에 감염하는 R5 바이러스인 것으로 인해 일반적인 HIV−1 감염자에서는 SHIV 감염 실험에서 보여지는 감염 급성기의 말초혈액 내 $CD4^{+}T$ 세포의 갑작스러운 고갈은 관측되지 않는다[144].

11 $V(t) = pI(t)/c$을 만족하기 때문에 임의의 시간에서 혈장 내 바이러스 양은 항상 감염된 세포 수 $I(t)$에 비례하며 배가 된다고 가정하고 있다.

$$V(t) = V_c \exp(-\theta_d t) \tag{2.35}$$

로 가까워진다. 단, V_c는 표적 세포 수 $T(t)$가 일정해지기 시작한 시간에서의 바이러스 양을 의미하고 θ_d는

$$\theta_d = \delta - \beta' T_1 \tag{2.36}$$

가 된다. **그림 2.9**(a)의 점선은 근사식(2.35)의 바이러스 감소 동역학이며 그 기울기는 θ_d이다. 또한, (b)의 점선은 감염 후 14일에서 28일 사이의 평균 $CD4^+T$ 세포 수인 T_1을 나타내고 있다.

기본 재생산 수 R_0의 추정

바이러스 증식률 θ_g과 바이러스 감소율 θ_d을 이용해 SHIV−KS661의 기본 재생산 수를 추정할 수 있다. 식(2.32)과 같이 기본 재생산 수는

$$R_0 = 1 + \frac{\theta_g}{\delta}$$

로 나타낼 수 있다. 생체 내에서 바이러스 양과 감염된 세포 수에 대해 비례관계가 성립하고 있다는 것에 유의하면(준평형상태), 최고치에 도달한 후의 바이러스 양 감소율 θ_d은 감염된 세포의 사망률 δ의 대략적인 추정 값이라고 생각할 수 있다[12]. 따라서, 감염된 세포의 사망률로

12 감소율 θ_d에서 구할 수 있는 감염된 세포의 사망률은 신규 바이러스 감염의 감염된 세포의 생산을 생각하지 않았기 때문에, 본래 값보다 낮게 추정하고 있는 것에 유의한다(식(2.36)으로부터 $\delta > \theta_d$인 것을 알 수 있다). 따라서, 감소율 θ_d을 이용해 추정된 기본 재생산 수 R_0는 본래의 감염된 세포 사망률 θ을 이용해 추정한 값보다 더 크게 예상될 가능성이 있다.

바이러스 감소율 θ_d을 이용하면 기본 재생산 수는

$$R_0 = 1 + \frac{\theta_g}{\theta_d} \tag{2.37}$$

가 된다. 그리고 SHIV 감염 실험에서의 급성기 데이터를 선형회귀로 분석하면 $\theta_g = 1.66$과 $\theta_d = 0.193$로 추정할 수 있다(**그림 2.9**(a)). 따라서, 식(2.37)으로부터 SHIV−KS661의 기본 재생산 수는 $R_0 = 9.60$이 된다. 이는 감염 급성기에서 하나의 감염된 세포가 평균적으로 9.60개의 신규 감염된 세포를 만들어낸다는 것을 의미한다.

정리

여기서는 기본적인 수학적 모델(2.1)에서 도출해낸 근삿값을 이용하여 감염 급성기에서 최고치에 도달하기까지의 지수적으로 증식하는 바이러스 양 및 피크에 도달한 후의 지수적으로 감소하는 바이러스 양을 분석했다(지수적으로 증식하는 바이러스 양의 더욱 자세한 근삿값은 식 (2.19)을 참조하자. 또한, 감염 급성기의 바이러스 비생산 세포를 고려한 수학적 모델(2.30)의 근삿값은 [201]에서 자세히 조사되고 있다). 추정된 SHIV−KS661의 기본 재생산 수 $R_0 = 9.60$는 *Nowak MA. et al.*의 논문 [161]에서 연구되었던 SIV의 기본 재생산 수(2.2~4.6)보다 더 큰 값이다(하지만, 논문 [161]에서는 $R_0 = 1 + \theta_g/a$로 하고 있으며 $a = 0.74$로 고정하고 있다)[13]. 이것은 SHIV와 SIV의 트로피즘 차이가 반영되어 있을 가능성도 있지만 붉은털 원숭이의 SHIV 감염 실험에서는 바이러스 양이 최고치에 도달하기까지의 데이터 개수가 적은 것 또는 $V(0) = 1.00 \times 10^3$(RNA copies/ml)를 가정한 것이 원인이 될 수도 있다. 따라서, 정확한 기본 재생산 수를 추정하기 위해서는 감염 급성기에서 더욱 상세한 데이터를 취득하거나 새로운 분석 방법을 확립할 필요가 있다. 예를 들어, *Ikeda H. et al.*의 논문 [94]에서는 감염 초기에 시간순으로 측정한 표적 세포수와 바이러스 양을 둘 다 이용해 이전 방법과 비슷하게 정확히 기본 재생산 수를 추정할 수 있는 방법이 제시되고 있다. 이렇듯 감염 후 되도록 빠른 단계에서 정확한 기본 재생산 수를 추정하는 것은 백신이나 감염 급성기에서의 항바이러스 치료 효과를

13 논문 [161]에서는 바이러스 감염된 세포가 바이러스 입자를 생산하기까지의 시간 분포를 고려한 수학적 모델을 이용해 기본 재생산 수를 추정하고 있다. 이러한 시간 지연의 영향은 기본 재생산 수의 추정값을 크게 하는 경향이 있다.

평가하는 데에 중요한 의미를 지닌다. 가령 백신이 바이러스 증식률을 $1/R_0$배로 억제할 수 있다면 이론적으로는 바이러스 감염이 성립되지 않게 막을 수 있다고 생각되기 때문이다. HIV－1 감염병의 기본 재생산 수는 *Little SJ. et al.*의 논문 [125]에서는 5.2～9.1 정도이며 *Ribeiro RM. et al.*의 논문 [181]에서는 4.9～11.0 정도로 예상하고 있다. 즉, 개발되는 백신이 감염 급성기에 바이러스 증식률을 약 80~90% 억제할 수 있다면 HIV－1 감염을 예방할 수 있다는 것을 의미한다. 하지만 실제로는 백신으로 인해 감염 급성기에 효율적으로 세포독성 T세포를 유도하는 것은 어렵다. 또한 충분한 바이러스 증식이 제어되지 않기때문에 급성기의 감염을 막지 못한다는 사실이 보고되고 있다[1, 41, 46]. 앞으로는 감염 급성기의 바이러스 증식률, 즉 기본 재생산 수를 충분히 작게 만들 수 있게 신속하며 효율적인 세포독성 T세포를 유도할 수 있는 백신 개발이 과제이다.

칼럼

원숭이/사람 후천성 면역 결핍증

교토대학 바이러스 연구소: 미우라 토모유키

전 세계적으로 확산되고 있는 에이즈 원인 바이러스인 HIV-1의 발견 이후 분자-세포 수준에서의 연구 진전은 괄목할 만하다. 그러나 대부분의 연구는 부분적인 분석적 연구에 머물러 '에이즈 감염 숙주에서의 증상 발현 구조' 및 'HIV-1가 왜 에이즈를 일으키는가'에 대한 근본적인 의문은 여전히 해결이 되지 않은 채로 있다. 증상 발현 구조를 밝히고 에이즈 예방, 치료법을 개발하기 위해서는 바이러스 측 요인과 숙주 측 요인을 합쳐 다각도로 종합적으로 분석할 수 있는 감염 개체 단위의 연구가 필요하다. 하지만, HIV-1는 사람과 침팬지에서만 감염되기 때문에 HIV-1 그 자체를 이용해 감염 동물 실험을 실시하는 것은 어렵다. 인간의 임상 검체에서도 개체 수준의 중요한 지식을 얻을 수 있지만, 감염 시기를 특정할 수 없다는 점, 말초혈액을 이용한 분석에 그친다는 점, 치료제의 영향이 있다는 점 등 제약이 크다.

한편, HIV-1와 비슷한 SIV가 붉은털원숭이를 감염시켜 에이즈와 유사한 증상을 유발하는 것으로 밝혀졌다[63]. 이러한 발견 이후 원숭이를 이용한 연구의 중요성이 서구에서 인식되고 특히 미국에서는 8개의 영장류 센터의 강화, 원숭이의 공급 체제 및 시설의 개선, 연구비 증대, 연구원 투입 등으로 인해 SIV를 이용한 연구가 활발히 이루어졌다. SIV의 원숭이 감염 실험으로 인해 nef 유전자가 에이즈의 병원성에 중요하다는 것[111]과, 이것을 기초로한 약독화 생백신의 가능성[40], 에이즈 바이러스의 주요 표적 장기는 장관(腸管)이라는 것[210, 136, 123] 등, 에이즈 연구에서 아주 중요한 연구 결과가 밝혀졌다. 이러한 연구에서는 인간에서는 불가능한 시간차 생체실험 및 실험적 도

살로 인한 심부 조직의 자세한 분석이 힘을 발휘했다. 이후 SIV가 유전적으로 HIV−1와는 다른 바이러스라는 단점을 극복하기 위해 SIV의 게놈을 베이스로 유전자 공학적 방법을 이용해 HIV−1의 env 유전자를 중심으로 한 게놈 영역을 다시 조합한 SHIV가 만들어졌다(그림 2.10) [198, 26].

최근 이 SHIV에서 다양한 병원성 및 비병원성 변이종을 얻었으며 이러한 분자 복제 바이러스를 얻어짐에 따라(SHIV−KS661 등) 일부이긴 하나 HIV−1 유전자 그 자체의 감염 개체에 대한 병원성의 실험병리학적 분석이 가능해졌다. 실제로, 이 SHIV 복제를 이용하는 것으로 인해 HIV−1의 env 유전자에 의해 결정되는 공동 수용체(CCR5 형 및 CXCR4 형) 신화성으로 인해 감염 개체의 표적 세포나 증상이 달라진다는 것이 밝혀지고 있다[75, 159, 135]. 이렇듯 SHIV 연구로

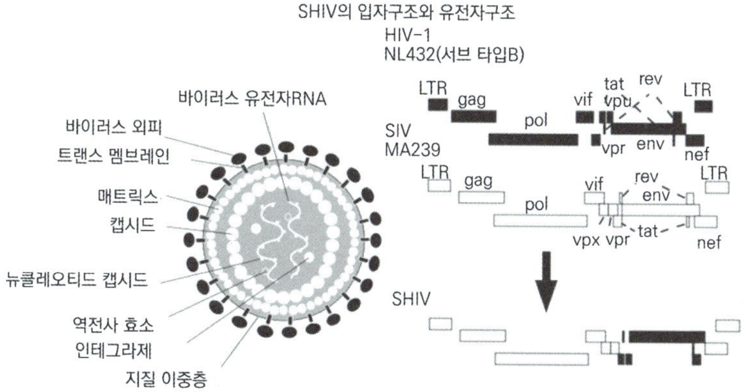

그림 2.10

붉은털 원숭이 등의 마카크 원숭이에 감염하는 HIV−1 및 SIVmac의 재조합 바이러스(SHIV)의 입자 구조식과 유전자 구조식: 검은색 부분은 HIV−1 유전자, 흰색 부분은 SIVmac에서 유래했다. SHIV는 바이러스 입자의 외피 단백질을 코드하고 있는 env 유전자를 중심으로 한 영역이 HIV−1에서 유래한다.

인해 지금까지 배양 세포 단위까지밖에 할 수 없었던 실험분석을 직접 감염 개체(원숭이) 단위까지 진행하여 실험적으로 분석할 수 있게 된 것이다. 지금까지 축적해 온 배양 세포 단위의 발견이 감염 개체 단위에서 어떻게 병원성을 지니며 나타나는가를 연결시킬 수 있다면 SHIV의 강독성, 약독성을 밝혀내는 데에 이어지며 여기서 얻을 수 있는 정보는 실제 사람의 에이즈 병원성 발견과 치료, 예방법 개발에 크게 공헌할 것이라 기대한다.

2.3 배양 세포 내 바이러스 동역학

1995년 이후 많은 임상 데이터와 감염 실험 데이터가 수학적 모델을 통해 분석이 되고 있으며 다양한 바이러스학적 발견이 이루어졌다. 또한, 이러한 지견을 바탕으로 한 치료 전략 혹은 항바이러스 약물의 효과 판정법과 새로운 진단 기준 등이 제시되고 있으며 수학적 모델을 이용한 데이터 분석은 특히 바이러스학–면역학 분야에서 중요하게 여겨지게 되었다. 그러나 지금도 수학적 모델을 이용해서 분석할 수 있는 실험 데이터가 매우 제한적이며 대부분의 바이러스 동역학은 바이러스 양 (RNA, DNA 복제 수, 혹은 항원의 양) 또는 바이러스 감염 역가 ($TICD_{50}$ 혹은 PFU)의 시계열 데이터 중 어느 한쪽만을 이용해 정량화되어 왔었다. 이러한 실험 데이터의 부족은 표적 세포 혹은 감염된 세포 등 다른 변수를 포함한 기본적인 수학적 모델(2.1) 및 그 개선된 모델을 이용한 분석으로 정확하고 상세한 바이러스 동역학의 정량화하는데 한계가 있다. 이번 장에서는 매우 많은 실험 데이터를 수집할 수 있는 배양 세포 실험과 수학적 모델의 분석을 조합해 새롭게 정량화할 수 있게 된 바이러스 동역학을 소개하면서 이러한 '배양 세포 실험을 이용한 바이러스 동역학 정량화 계열'의 응용 가능성에 대해 논의한다.

필리핀 원숭이 균주화 세포에서의 SHIV 동역학

생체 내 실험이 어려운 바이러스 복제 과정이나 바이러스 단백질의 기능을 상세하게 분석하기 위해서 예전부터 배양 세포 실험을 사용해 왔었다. 특히 HCV 및 뎅기 바이러스 등, 아직까지도 실용성이 있는 동물 실험계가 확립되지 않은 바이러스 감염병에서 배양 세포 실험의 분석이 매우 중요한 역할을 갖고 있다. 또한, 배양 세포를 사용한 실험에서 얻을 수 있는 바이러스의 성질을 바탕으로 생체 내 바이러스 감염의 특징에 대해 예측하기도 한다. 예를 들어, *Goldstein S. et al.*의 논문 [68]에서는 6마리의 붉은털 원숭이의 말초혈액 단핵구(PBMC) 배양 세포를 이용해 측정한 SIV의 감염 역가 수치와 각각의 붉은털 원숭이의 SIV 감염 실험에서의 바이러스 양의 피크와 강한 양의 상관관계가 있다는 것으로 나타났다. 즉, 배양 세포 실험에서 바이러스 동역학을 상세하게 정량화 하는 것이 가능해지면 바이러스학의 다양한 연구 영역에서 새로운 지식을 얻을 수 있을 것으로 기대된다. 또한 이러한 실험에서는 비교적 쉽게 다양한 시계열 데이터를 모을 수 있고 바이러스 특이적인 면역 반응 등의 숙주 기능을 고려할 필요가 없다. 따라서 바이러스와 세포의 상호 작용에만 초점을 맞춘 단순한 수학적 모델을 이용한 분석이 가능해진다. 다음에서는 *Iwami S. et al.*의 논문 [104]에서 보고된 필리핀 원숭이 균주화 세포(HSC－F)의 SHIV－KS661 동역학 정량화에 대해 설명한다.

필리핀 원숭이 균주화 세포를 이용한 SHIV 감염 실험

급성 발병형 계통으로 알려져 있는 SHIV－KS661를 1ml당 6.0×10^6개의 HSC－F 세포에 다중 감염도(multiplicity of infection: MOI) 2.0×10^{-5}에서 감염시키고 9일 동안 배양한 감염 실험 데이터를 이용한다(표 2.4). 매일 배양 상등액을 회수하여 1ml 내 SHIV－KS661의 RNA 복제 수 및 감염 역가를 측정한다(**그림 2.11** (c)(d)). 그리고 배양 세포를 배양액에 채운 후 휘젓은 후 배양 세포의 일부를 회수해 1ml 내 표적 세포 개수와 감염된 세포 개수를 측정한다(**그림 2.11** (a) (b)). 여기서 '표적 세포'와 '감염된 세포'는 SHIV의 단백질인 Nef 발현 유무로 구별한다. 즉, 표적 세포란 $CD4^+$, Nef^+, HSC－F 세포이다. 또한, SHIV－KS661 접종 후, 0, 1, 2일째의 감염된 세포 수 및 0일 째의 바이러스 감염 역가는 검출 한곗값 이하이기 때문에 측정하지 못했다. 다음으로 이러한 9일 동안의 표적 세포 수, 감염된 세포 수, 바이러스 감염 역가의 시계열 데이터를 이용해 분석한다.

바이러스 감염성을 고려한 수학적 모델의 분석

감염된 세포에서 만들어진 바이러스 입자들 전체가 감염성을 갖고 있지는 않는다. 예를 들어, 바이러스의 복제 주기에서 전사, 번역된 RNA에 많은 변이가 축적되어 있거나 생성된 바이러스 입자에 필요한 양의 바이러스 단백질 혹은 바이러스 RNA(혹은 DNA)가 포함되어 있지 않다면 감염성을 지니지 않은 '비감염성 바이러스 입자'가 된다. 배양 세포 실험에서 얻어진 4종류의 시계열 데이터(표 2.4, **그림 2.11**)를 이용하여 바이러스 복제 과정에서의 감염성, 비감염성 바이러스의 감염 동역학을 정량화한다.

HSC－F 세포 배양 계열의 SHIV－KS661의 동역학을 설명하기 위해 기본적인 수학적 모델(2.1)을 개선한 바이러스 감염성을 고려한 수학적 모델(2.38)을 생각한다.

$$\begin{aligned}\frac{dT(t)}{dt}&=-dT(t)-\beta T(t)V_I(t)\\ \frac{dI(t)}{dt}&=\beta T(t)V_I(t)-\delta I(t)\\ \frac{dV_I(t)}{dt}&=\phi pI(t)-c_IV_I(t)-c_{RNA}V_I(t)\\ \frac{dV_{NI}(t)}{dt}&=(1-\phi)pI(t)+c_IV_I(t)-c_{RNA}V_{NI}(t)\end{aligned}\tag{2.38}$$

여기서는 감염성 바이러스 입자 수를 $V_I(t)$(RNA copies/ml), 비감염성 바이러스 입자 수를 $V_{NI}(t)$(RNA copies/ml)로 정의한다. 파라미터 ϕ는 생산된 바이러스 입자 중 감염성을 가진 바이러스 입자의 빈도, c_{RNA}는 바이러스 RNA의 분해율을 나타낸다[14]. 또한, 설령 바이러스 입자가 감염성을 가지고 있더라도 시간이 지남에 따라 감염성은 사라지는 것으로 알려져 있다[10, 64, 104]. 파라미터 c_I는 감염성 바이러스 입자의 감염성 손실률을 나타낸다. 또한, 배양 세포를 이용한 바이러스 감염 실험을 고려하고 있기 때문에 새로운 표적 세포가 보충되지 않는다($\lambda = 0$).

표 2.4

측정항목	감염 경과 시간(일)								
	0	1	2	3	4	5	6	7	8
표적세포	2.53×10^6	3.52×10^6	3.30×10^6	2.19×10^6	1.16×10^6	1.21×10^6	2.10×10^5	5.77×10^4	1.05×10^5
감염세포	d. l.	d. l.	d. l.	6.46×10^4	1.54×10^5	5.83×10^5	1.69×10^5	9.06×10^4	9.33×10^4
바이러스 양	1.27×10^2	4.37×10^3	5.12×10^4	4.89×10^5	1.28×10^6	1.94×10^6	1.23×10^6	5.70×10^5	1.30×10^5
감염역가	d. l.	6.40×10	6.40×10^2	4.06×10^3	2.05×10^4	2.58×10^4	5.12×10^3	1.28×10^3	6.40×10^2

필리핀 원숭이 균주화 세포의 SHIV 감염 실험 데이터: 표의 데이터는 상단에서 순서대로, 배양액 1ml 내 $CD4^+$ Nef^+ HSC-F 세포 수(cells/ml), $CD4^+$ Nef^+ HSC-F 세포 수(cells/ml) SHIV-KS661RNA 복제 수(RNA copies/ml), SHIV-KS661 감염 역가($TICD_{50}$/ml)로 주어진다. 표 안에 있는 'd. l.'는 검출 한곗값 이하라는 것을 나타내고 있다. 이 데이터는 *Iwami S. et al.* 논문 [104]에 기재되어 있는 값에서 일부분을 발췌한 것을 사용하고 있다.

14 C_{RNA}는 바이러스 RNA가 손상되어 정량적 RT－PCR로 측정할 수 없게 되는 비율을 나타낸다. 실제로 C_{RNA}는 매우 작은 값이기 때문에 특히 생체 내 바이러스 동역학을 다룰 때 이 값은 0으로 간주할 수 있다.

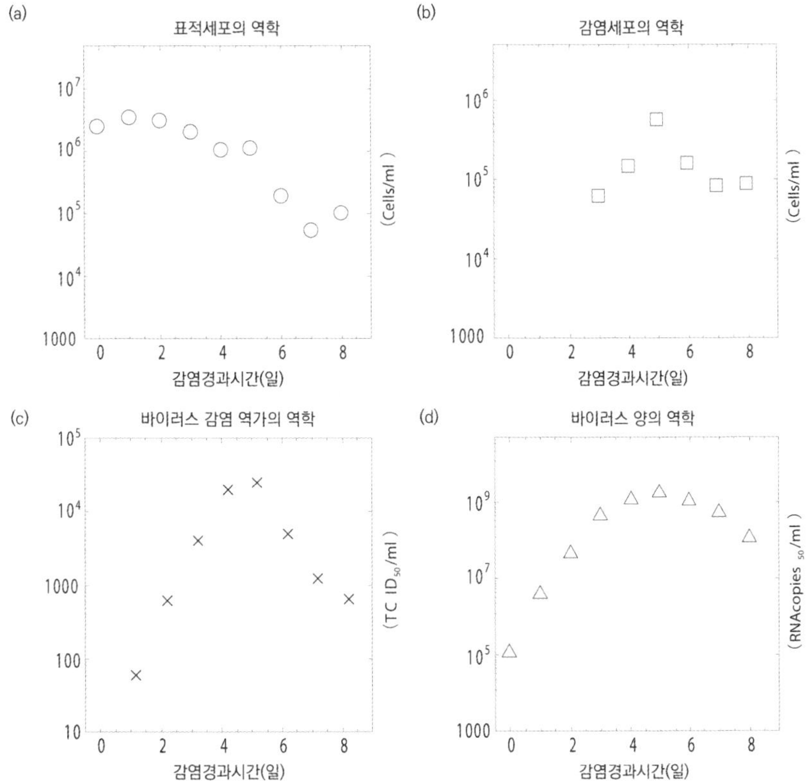

그림 2.11

SHIV－KS661에 감염된 필리핀 원숭이 균주화 세포의 표적 세포, 감염된 세포, 바이러스 양, 바이러스 감염 역가의 시계열 동역학: 1ml당 6.0×10^6개의 HSC－F 세포에 MOI 2.0×10^{-5}의 SHIV－KS661를 감염시키고 9일 동안 배양한다. (a) 표적 세포 ($CD4^+$ Nef^- HSC－F 세포), (b) 감염된 세포 ($CD4^+$ Nef^- HSC－F 세포) 수, (c) 바이러스 양, (d) 바이러스 감염 역가의 동역학을 나타내고 있다. SHIV－KS661 접종 후, 0, 1, 2, 3일째에 감염된 세포 수 및 0일째의 바이러스 감염 역가는 검출 한곗값 이하였기에 측정되지 않았다. 데이터는 *Iwami S. et al.*의 논문 [104]에 기재되어 있는 값에서 일부분을 발췌한 것을 사용하고 있다.

다음으로, 9일간의 표적 세포 수, 감염된 세포 수, 바이러스 양, 바이러스 감염 역가의 시계열 데이터를 분석하기 위해 수학적 모델(2.38)을 변형하여 분석한다. 여기서 '바이러스 양'은 배양액 1ml에 포함된 전체 바이러스 입자(감염성 바이러스 입자+비감염성 바이러스 입자)의 바이러스 RNA 복사본 수이며 '바이러스 감염 역가'는 배양액 1ml에 포함된 감염성 바이러스 입자의 $TICD_{50}$을 측정한 것임에 유의한다. 따라서, 전체 바이러스 입자의 바이러스 RNA 복사 수를 $V_{RNA}(t) = V_I(t) + V_{NI}(t)$, 감염성 바이러스 입자의 $TICD_{50}$을 $V_{50}(t) = \alpha V_I(t)$로 정의하면 수학적 모델(2.38)은 다음과 같이 된다.

$$
\begin{aligned}
\frac{dT(t)}{dt} &= -dT(t) - \beta_{50} T(t) V_{50}(t) - rT(t) \\
\frac{dI(t)}{dt} &= \beta_{50} T(t) V_{50}(t) - \delta I(t) - rI(t) \\
\frac{dV_{RNA}(t)}{dt} &= pI(t) - c_{RNA} V_{RNA}(t) - r_c V_{RNA}(t) \\
\frac{dV_{50}(t)}{dt} &= p_{50} I(t) - c_I V_{50}(t) - c_{RNA} V_{50}(t) - r_c V_{50}(t)
\end{aligned}
\tag{2.39}
$$

매개변수 α는 감염성 바이러스 입자의 단위인 RNA copies/ml와 $TICD_{50}$/ml의 변환 계수이며, $\beta_{50} = \beta/\alpha$와 $p_{50} = \alpha \phi p$는 각각 변환된 바이러스 감염률과 바이러스 생산 세포수를 나타낸다. 또한, 배양 세포 실험에서는 데이터를 수집할 때마다 세포 개수와 바이러스 양이 각각 원래의 양의 94.5%, 0.07%로 감소하고 있다. 매개변수 r과 r_c는 각각 데이터 수집으로 인한 이러한 세포 수, 바이러스 양의 감소 효과를 나타낸다[15].

15 *Beauchemin CAA. et al.*의 논문 [10]에서는 데이터 수집으로 인한 감소 효과를 고려한 수학적 모델을 상세하게 분석하였다.

HSC－F 세포의 SHIV－KS661의 동역학을 정량화하기 위해서 수학적 모델(2.39)에서 각 매개변수를 추정해 간다. 여기서, 다른 실험에서 감염성 바이러스 입자의 감염성 소실율은 $c_I = 0.931$, 바이러스 RNA의 분해율은 $c_{RNA} = 0.04$, 표적 세포의 사망률은 $d = 0.213$로 추정된다[104]. 그리고 데이터 수집에 의한 세포 수, 바이러스 양의 변화로부터의 표적 세포 수, 감염된 세포 수, 전체 바이러스 입자의 바이러스 RNA 복제 수, 감염성 바이러스 입자의 $TICD_{50}$ 감소율은 각각 $r = 0.06$, $r_c = 7.31$가 된다. 이러한 매개변수 값을 고정하고, 나머지 매개변수를 다른 4개의 시계열 데이터에서 구한다. 표 2.4의 각 측정값과 수학적 모델(2.39)의 값의 오차를 다음과 같은 목적 함수로 정의한다.

$$
\begin{aligned}
J(\theta) = & \sum_{i=1}^{9}\left(\log T(t_i) - \log \widetilde{T}(t_i)\right)^2 \\
& + \sum_{i=1}^{9}\left(\log I(t_i) - \log \widetilde{I}(t_i)\right)^2 \\
& + \sum_{i=1}^{9}\left(\log V_{RNA}(t_i) - \log \widetilde{V}_{RNA}(t_i)\right)^2 \\
& + \sum_{i=1}^{9}\left(\log V_{50}(t_i) - \log \widetilde{V}_{50}(t_i)\right)^2
\end{aligned} \tag{2.40}
$$

t_i는 측정한 감염 경과 시간(0일에서 8일)이며, $\widetilde{T}(t_i)$, $\widetilde{I}(t_i)$, $\widetilde{V}_{RNA}(t_i)$, $\widetilde{V}_{50}(t_i)$은 각각, 각 측정시간의 표적 세포 수, 감염된 세포 수, 전체 바이러스 입자의 바이러스 RNA 복제 수, 감염성 바이러스 입자의 $TICD_{50}$를 나타낸다. 또한, $\theta = (T(0),\ I(0),\ V_{RNA}(0),\ V_{50}(0),\ \beta_{50},\ \delta,\ p,\ p_{50})$는 수학적 모델(2.39)의 감염 실험 데이터에서 추정하는 매개변수를 가리킨다. **그림 2.12**은 목적 함수 (2.40)를 최소로 하는 최적의 매개변수를 이용하여 계산한 수학적 모델(2.39)의 HSC－F 세포에서의 SHIV－KS661 동역학을 뜻한다. (a)는 표적 세포 수에 대한 동역학, (b)

는 감염된 세포 수에 대한 동역학, (c)는 바이러스 양에 대한 동역학, (d)는 바이러스 감염 역가에 대한 동역학을 나타내고 있다.

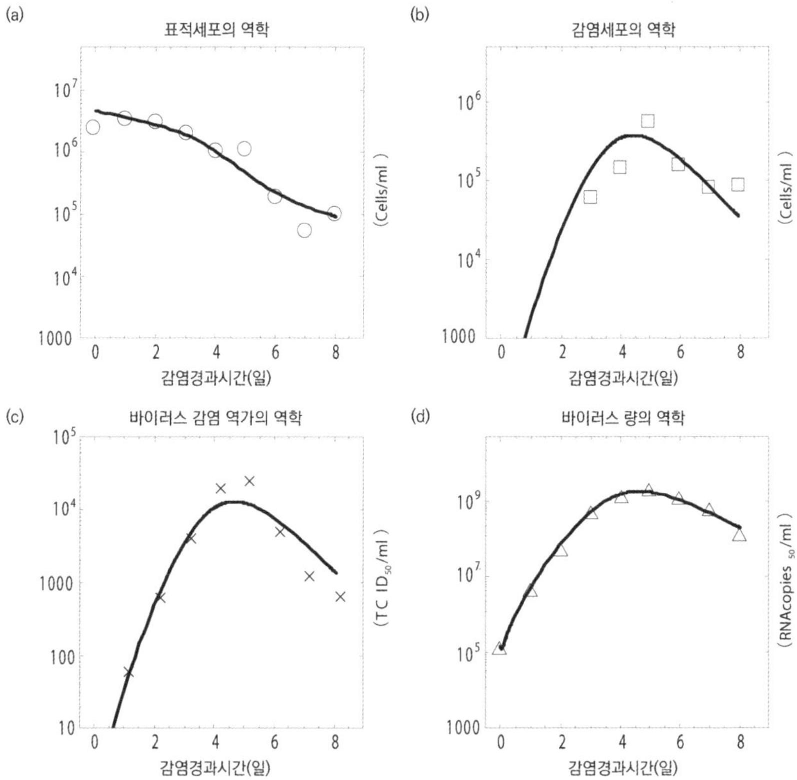

그림 2.12

바이러스 감염성을 고려한 수학적 모델(2.39)을 이용한 필리핀 원숭이 주화 세포의 SHIV 감염의 실험 데이터에 대한 피팅: (a), (b), (c), (d)의 검은색 선은 각각, 바이러스 감염성을 고려한 수학적 모델(2.39)에 의해 예측이 된 표적 세포 수, 감염된 세포 수, 바이러스 양, 바이러스 감염 역가에 관한 동역학을 나타내고 있다. 비선형 최소 제곱법으로 목적 함수 (2.40)를 최소로 만드는 가장 적합한 매개변수는 $T(0) = 4.73 \times 10^6$(cells/ml), $I(0) = 1.21$(cells/ml), $V_{RNA}(0) = 1.27 \times 10^5$(RNA copies /ml), $V_{50}(0) = 3.61$(TICD50/ml), $\beta_{50} = 4.44 \times 10^{-5}$(TICD50/ml))$^{-1}$ · day^{-1}), $\delta = 1.10$(day^{-1}), $p = 33310.7$(RNA copies/ml · day^{-1}),

$p_{50}=0.294(\mathrm{TICD}_{50}/\mathrm{ml}\cdot\mathrm{day}^{-1})$이다. 그 이외의 매개변수는 $d=0.213(\mathrm{day}^{-1})$, $c_I=0.931(\mathrm{day}^{-1})$, $c_{RNA}=0.039(\mathrm{day}^{-1})$로 고정한다.

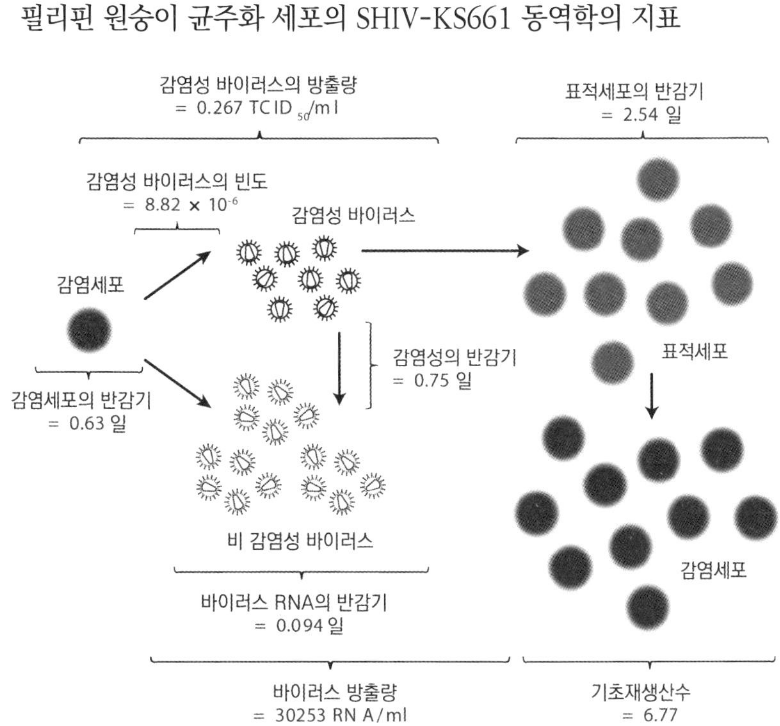

그림 2.13

게코원숭이 세포에서 SHIV-KS661의 동역학: 게코원숭이 세포를 이용한 SHIV 감염 실험에서 표적 세포, 감염 세포, 바이러스 감염력, 바이러스 RNA의 반감기($\log 2/(d+r)$, $\log 2/(\delta+r)$, $\log 2/c_I$, $\log 2/(c_{RNA}+r)$)는 각각 2.54일, 0.63일, 0.75일, 0.094일로 추정되었다.
또한, 감염성 바이러스의 버스트 크기($p_{50}/(\delta+r)$)는 0.267(TCID_{50}/ml), 전체 바이러스의 버스트 크기($p/(\delta+r)$)는 30253(RNA copies/ml)이며, 기본 재생산 수($\beta_{50}\ p_{50}T(0)/(\delta+r)(c_I+c_{RNA}+r_c)$)는 6.77이었다. 또한, 생산된 바이러스 입자가 감염성을 갖는 빈도의 최소값(p_{50}/p)은 8.82×10^{-6}이다.

HSC−F 세포를 이용한 SHIV−KS661의 감염 실험으로 추정된 최적의 매개변수를 이용해 바이러스 동역학의 지표를 계산한 것을 **그림 2.13**에 정리했다[16]. 표적 세포, 감염된 세포, 바이러스 감염 역가, 바이러스 RNA의 반감기는 각각, 2.54일, 0.63일, 0.75일, 17.33일로 추정할 수 있었다. 그리고 여기서 추정된 바이러스 버스트 크기는 30253 RNA copies/ml, 감염성 바이러스의 버스트 크기는 0.267 $TICD_{50}$/ml, 기본 재생산 수는 6.77이다. 일반적으로 기본 재생산 수 및 감염된 세포의 반감기는 감염 급성기에서 최고치에 도달하기까지 지수적으로 증식하는 바이러스 양과 최고치에 도달한 후에 지수적으로 줄어드는 바이러스 양들을 이용해 추정해 왔다[161, 181, 201]. 하지만, 이러한 방법 또는 바이러스 양(혹은 바이러스 감염 역가)의 시계열 데이터로만 추정이 된 기본 재생산 수 및 감염된 세포의 반감기는 실제 값을 반영하지 못할 가능성이 있다[94]. 또한, 현재까지 추정되어 왔던 바이러스 버스트 크기는 항바이러스약 또는 단일 사이클 바이러스 등을 이용해 비동시적, 다발적, 반복적으로 일어나고 있는 바이러스 복제 과정을 억제하는 실험 데이터를 이용하여 추정되어 왔다[22, 57, 49, 208] (물론, 바이러스 양의 시계열 데이터로만 추정하는 방법도 있다[8, 10]). 이러한 인위적인 환경에서 추정한 바이러스 버스트 크기는 잠재적으로 다양한 문제를 가지고 있다는 것이 지적되고 있다[22]. 하지만 본실험에서 추정된 감염된 세포의 반감기, 바이러스 버스트 크기, 기본 재생산 수는 표적 세포, 감염된 세포, 바이러스 양, 바이러스 감염 역가의 시계열 데이터를 이용하면서 직접 추정된 매개변수로 계산한 값이다. 이

16 *Iwami S. et al.*의 논문[104]에서는 HSC−F 세포에 다른 MOI 2.0×10^{-3}, 3.0×10^{-4}, 4.0×10^{-5}, 5.0×10^{-6}의 SHIV−KS661을 감염시킨 실험 데이터를 모두 사용해 바이러스 동역학을 정량화하고 있다. 따라서, 그림 2.13으로 추정된 바이러스 동역학의 지표는 논문[104]에서 얻었던 값과 조금 다르다.

값은 현재까지 추정되어 온 바이러스 역학의 지표보다 더 현실적인 값을 반영하고 있다. 게다가, 이러한 매개변수를 이용해 감염성 바이러스 입자의 빈도에 대해 다음과 같은 고찰을 얻을 수 있다. $p_{50}/p = \alpha\phi < \phi$이기 때문에 생성된 바이러스 입자가 감염성을 갖는 비율의 최솟값은 8.882×10^{-6}로 계산할 수 있다. 예를 들어, '모든 바이러스 입자가 반드시 RNA가 2개의 카피씩 포함되어 있다' 그리고 '1ml 배양액에 감염성 바이러스 입자가 300개 포함되어 있다면 50 $TICD_{50}$/ml의 감염역가를 나타낸다'라는 가정이 성립된다면 변환 계수 $\alpha = 50/600 \approx 0.083$이며 생산된 바이러스 입자가 감염성을 가진 빈도는 $\phi = 8.82 \times 10^{-6}/0.083 \approx 1.06 \times 10^{-4}$로 계산할 수 있다(즉, 만들어진 바이러스 입자 약 10,000개당 많아도 1개밖에 감염성을 지니지 않는다는 것을 의미하고 있다). 이렇듯, 생산된 바이러스 입자의 대부분은 감염성을 지니고 있지 않다는 것을 알 수 있다.

정리

여기서는 바이러스 감염성을 고려한 수학적 모델(2.39)을 이용해 필리핀 원숭이 균주화 세포의 SHIV−KS661 감염 실험 데이터를 분석하였다. 이러한 배양 세포 실험과 수학적 모델의 분석을 융합시킨 바이러스 연구는 최근 활발히 이루어지고 있다[10, 145, 196]. 예를 들어, *Beauchemin CAA. et al.*의 논문 [10]에서는 중공섬유 생물 반응기를 사용해 개 신장 요세관 상피 세포에서 유래된 세포주(MDCK) 배양계로 인플루엔자 바이러스 A형 / Albany / 1 / 98(H3N2) 감염 실험을 수행하였다. 이러한 감염 실험에서 얻어진 바이러스 감염 역가 시계열 데이터를 간단한 수학적 모델로 분석함으로써 배양 세포 내의 바이러스 동역학 및 항 인플루엔자 약물의 억제 효과를 밝혀냈다. 또한, *Schulze−Horsel J. et al.*의 논문[196]에서는 마이크로 캐리어를 이용한 MDCK 배양 세포 계열로 인플루엔자 바이러스 A형 / Puerto Rico / 8 / 34(H1N1)과 인플루엔자 바이러스 A형 / Wisconsin / 67 / 2005(H3N2) 감염 실험을 통해 매우 많은 실험 데이터를 수집하는데 성공하였으며 상세한 수학적 모델로 이러한 데이터 분석을 하고 있다. 그들은 이러한 분석을 통해 백신 제조 과정을 최적화하기 위해서 추정된 매개변수로부터 마이크로 캐리어 배양 세포계에서의 바이러스 생산을 최대로 하는 방법을 생각해내고 있다. 한편, 이번 배양세포 실험에서는 (특히 바이러스 양 및 바이러스 감염 역가의 시계열 데이터를 동시에 분석함으로써) 생산된 바이러스 입자가 감염성을 갖게 될 빈도의 최소값을 추정할 수 있게 되었다. 예를 들어, HIV/ SIV 감염병을 대상으로 단백질 분해효소 억제제를 이용한 항바이러스 치료와 HCV 감염병에서의 IFN−α치료는 비감염성 바이러스 입자의 생산이 촉진한다는 것이 알려져 있다[51, 52, 156, 169, 170]. 또한, HIV−1의 단백질

중 하나인 Vif를 제거한 바이러스를 이용한 감염 실험에서는 바이러스 복세과정에서 감염성 바이러스 입자의 생산이 현저하게 감소하는 것으로 보고되고 있다[97, 190]. 이번에 개발한 '배양 세포 실험을 이용한 바이러스 동역학 정량화 계열'을 이용하면 이러한 항바이러스 치료 및 바이러스 단백질의 결손이 감염성 바이러스 입자의 복제 빈도를 어느 정도 낮추는가를 정량화하는 것이 가능해진다. 이러한 예시에서 알 수 있듯이 배양 세포 실험 계열의 바이러스 동역학을 자세하고 정확하게 정량하기 위해 실험적 방법 및 수학적 분석 방법[17]의 개발이 요구되고 있다.

17 최근, 바이러스 감염 실험 데이터에서 추정한 비선형 상미분방정식의 매개변수 결정 가능성에 대한 연구도 이루어지고 있다[141, 219].

연습문제

미분방정식의 해와 관련된 문제

미분방정식과 초기 조건을 만족하는 함수를 미분방정식의 해라고 한다.

문제 2.1

(1) (2.7) 식의 양변을 t로 미분해 얻을 수 있는 $V(t)$, $I(t)$에 관한 등식이 (2.6)식을 만족한다는 것을 보여라. 또한, (2.7) 식이 $t=0$에서 $V(t)=V(0)$, $I(t)=I(0)$을 만족한다는 것을 보여라. 위 내용을 바탕으로 (2.7)이 (2.6)의 값임을 알 수 있다.

(2) (2.7) 식에서 $V(0)=0$, $I(0)=1$로 정하고, 적분 변수의 σ, η를 적분 변수 $s=t-\sigma$, $q=t-\eta$로 바꾸면서 (2.8) 식을 도출하여라.

문제 2.2

(2.10) 식이 성립한다는 것을 보여라.

행렬 지수함수와 연관된 문제

n차 정방행렬 A와 스칼라 t에 대해서

$$e^{At}=E+At+A^2\frac{t^2}{2!}+A^3\frac{t^3}{3!}+\cdots=\sum_{k=0}^{\infty}A^k\frac{t^k}{k!}$$

로 두고, 이것을 행렬 A의 지수 함수라고 한다. 위 식의 우변은 임의의 A와 t에 대해서 수렴한다. 여기서 E는 n차정방행렬이다.

문제 2.3

(1) 행렬 $A=\begin{pmatrix} 0 & 1 \\ 0 & 2 \end{pmatrix}$와 $B=\begin{pmatrix} 0 & 1 \\ -1 & 0 \end{pmatrix}$에 대해서,

$e^{At}=\begin{pmatrix} 1 & \frac{1}{2}(e^{2t}-1) \\ 0 & e^{2t} \end{pmatrix}$, $e^{Bt}=\begin{pmatrix} \cos t & \sin t \\ -\sin t & \cos t \end{pmatrix}$가 된다는 것을 보여라.

(2) (1)에서 주어진 행렬 A와 B에 대해서, 초기 조건이 각각 $x(0)=x_0$와 $y(0)=y_0$인 미분 방정식

$$\begin{pmatrix} \frac{dx}{dt} \\ \frac{dy}{dt} \end{pmatrix}=A\begin{pmatrix} x \\ y \end{pmatrix},\quad \begin{pmatrix} \frac{dx}{dt} \\ \frac{dy}{dt} \end{pmatrix}=B\begin{pmatrix} x \\ y \end{pmatrix}$$

를 생각했을 때, 미분방정식 값은 각각

$$\begin{pmatrix} x(t) \\ y(t) \end{pmatrix}=e^{At}\begin{pmatrix} x_0 \\ y_0 \end{pmatrix},\quad \begin{pmatrix} x(t) \\ y(t) \end{pmatrix}=e^{Bt}\begin{pmatrix} x_0 \\ y_0 \end{pmatrix}$$

가 된다는 것을 다음과 같은 관계식을 이용해 증명하여라

$$e^{t}=1+t+\frac{1}{2!}t^2+\frac{1}{3!}t^3+\cdots=\sum_{k=0}^{\infty}\frac{t^k}{k!}$$

$$\sin t=t-\frac{1}{3!}t^3+\frac{1}{5!}t^5-\cdots+\frac{(-1)^n}{(2n-1)!}t^{2n-1}+\cdots$$

$$\cos t=1-\frac{1}{2!}t^2+\frac{1}{4!}t^4-\cdots+\frac{(-1)^n}{(2n)!}t^{2n}+\cdots$$

극소 안정성에 관한 문제

미분 방정식의 우변이 t를 포함하지 않는 $\frac{d\mathrm{x}}{dt} = \mathrm{f}(\mathrm{x})$를 자율계라고 한다. 자율계에서 해의 유일성이 성립하며 $-\infty < t < +\infty$에서 해가 존재한다고 가정한다. x^*를 정수 벡터로 하고 자율계의 해 $\mathrm{x}(t)$에서 $\mathrm{x}(t) = \mathrm{x}^*$의 형태가 존재할 때, x^*를 평형점이라고 한다. x^*가 자율계의 평형점이 되는 필요충분조건은 $f(\mathrm{x}^*) = 0$이다. 임의의 $\epsilon > 0$에 대해서 $\delta > 0$가 존재하며, $|x_0 - x^*| < \delta$를 만족하는 임의의 초기값 $\mathrm{x}(0) = \mathrm{x}_0$에 대한 자율계의 해 $x(t)$이 항상 $t > 0$이자 $|\mathrm{x}(t) - \mathrm{x}^*| < \epsilon$가 될 때, x^*는 안정적 평형점이라고 한다. x^*가 안정적이며, 게다가 $\delta_1 > 0$가 존재하며 $|\mathrm{x}_0 - \mathrm{x}^*| < \delta_1$를 만족하는 해 $\mathrm{x}(t)$가 $t > 0$에서 $\lim_{t \to \infty} x(t) = \mathrm{x}^*$가 될 때 x^*는 수렴 안정적 평형점이라고 한다. 또한, 안정적이지 않은 평형점을 불안정적 평형점이라고 한다. 자율계 우변 함수 $f(x)$를 평형점 x^* 주변에서 테일러 전개하면

$$f(x) = f(x^*) + \frac{\partial f}{\partial x}(x^*) \cdot (x - x^*) + O(|x - x^*|)$$

가 된다. x^*가 평형점이기 때문에 우변의 제1항은 0이 되며 $f(\mathrm{x})$의 x^*근방은 우변의 제2항에서 나타내어 진다. $\mathrm{y} = \mathrm{x} - \mathrm{x}^*$로 하여 자율계에 대입해 고차항을 무시하면

$$\frac{d\mathrm{y}}{dt} = \frac{\partial \mathrm{f}}{\partial \mathrm{x}}(\mathrm{x}^*)\mathrm{y}$$

가 된다. 이 때,

$$\frac{\partial f}{\partial x}(\mathrm{x}^*) = \begin{pmatrix} \frac{\partial f_1}{\partial x_1}(\mathrm{x}^*) \cdots \frac{\partial f_1}{\partial x_n}(\mathrm{x}^*) \\ \frac{\partial f_2}{\partial x_1}(\mathrm{x}^*) \cdots \frac{\partial f_2}{\partial x_n}(\mathrm{x}^*) \\ \vdots \quad \ddots \quad \vdots \\ \frac{\partial f_n}{\partial x_1}(\mathrm{x}^*) \cdots \frac{\partial f_n}{\partial x_n}(\mathrm{x}^*) \end{pmatrix}$$

를 야코비 행렬이라고 부른다. 야코비 행렬의 고윳값의 모든 실수 부분이 음수(안전 행렬)라면 $x^*(y=0)$는 수렴 안정적 평형점이다.

문제 2.4

(1) 기본적인 수학적 모델(2.1)에서 (2.21)에서 주어지는 E_0와 E_+가 평형점임을 보여라.

(2) E_0과 E_+에 대한 야코비 행렬을 구하여라. 기본 재생산 수(2.22)가 $R_0<1$일 때 E_0가 수렴 안정 평행점이 되며, $R_0>1$일 때 E_+가 수렴 안정적 평형점이 되는 것을 보여라. 다만 3차 정방행렬 $A=(\alpha_{ij})$에 대한 고윳값을 λ라고 했을 때 λ는 행렬식 $|\lambda I-A|=0$를 충족한다. 따라서, 고윳값 방정식

$$|\lambda I-A|=\lambda^3+a_1\lambda^2+a_2\lambda+a_3=0$$

에서 고윳값의 실수 부분이 모두 음수(A가 안정된 행렬)가 되기 위한 필요 충분 조건은

$$a_1>0,\ a_3>0,\ a_1a_2-a_3>0$$

인 것에 주의한다.

리아프노프 함수와 관련된 문제

자율계

$$\frac{dx}{dt}=f(x),\ f(0)=0$$

를 고려해, $f(x)$는 $\|x\|<\infty$로 연속이며 해는 유일하다고 가정한다. 여기서 x, f는 n차원 벡터이다. 함수 $L(x)$는 연속이며 x에 관해서 연속한 편도함수

를 갖는 것이라고 가정한다. 또한 D를 $L(\mathrm{x}) < \ell$를 만족하는 점 x의 공집합이 아닌 유계 집합이라고 하자. 그리고 D의 원소는 (i) $L(0) = 0$, $L(\mathrm{x}) > 0\ (x \neq 0)$와 (ii) $x \neq 0$일 때 $\dot{L}(x) < 0$를 만족한다고 가정한다. 이때 평형점 0은 안정적이며, D의 원소를 초기값으로 가지는 자율계의 모든 해는 $t \to \infty$일 때 0에 수렴한다. 여기서

$$\dot{L}(x) = \sum_{k=1}^{n} \frac{\partial L}{\partial x_k} f_k(x)$$

가 된다. 이 성질은 리아프노프의 제2방법(직접법)이라고 한다.

문제 2.5

(1) a를 양의 정수라고 할 때, $f(x) = x - a - a(\log x - \log a)$는 모든 $x > 0$에 대해서 음이 아닌 값을 취하며, $f(x) = 0$가 되는 것은 $x = a$에 제한되어 있음을 보여라.

(2) (1)의 성질을 이용해 (2.24)와 (2.26)에서 주어진 함수 L_0 및 L_+이 각각 $T > 0$, $I \geq 0$, $V \geq 0$와 $T > 0$, $I > 0$, $V > 0$에서 음이 아닌 값을 나타내며, $L_0 = 0$, $L_+ = 0$가 되는 것은 평형점 E_0, E_+뿐임을 보여라.

(3) (2.25)와 (2.27)식을 보여라.

(4) 양수 a_1, a_2, $\cdots$, a_n에 대해 산술 기하 평균에 관한 부등식

$$\frac{a_1 + a_2 + \cdots + a_n}{n} \geq \sqrt[n]{a_1 a_2 \cdots a_n}$$

를 이용해 (2.27)식에서 $\dfrac{dL_+}{dt}$는 $T > 0$, $I > 0$, $V > 0$에서 음이

아닌 값이며, $\frac{dL_+}{dt}=0$이 되는 것은 평형점 E_+뿐임을 증명하여라.

최소제곱법과 관련된 문제

n개의 데이터 포인트 $(x_i,\ y_i)(i=1,\ 2,\ \cdots,\ n)$에 대해서 m개의 매개변수 $\theta_j(j=1,\ 2,\ \cdots,\ m)$가 있는 함수 $f(x,\ \theta)$를 적용하는 문제를 생각해 본다. 이 때, 잔차로부터 잔차 제곱합

$$r_i=y_i-f(x_i,\ \theta)(i=1,\ 2,\ \cdots,\ n)$$

$$S(\theta)=\sum_{i=1}^{n}r_i^2$$

을 최소로 하는 θ을 구하는 방법을 비선형 최소제곱법이라고 한다. 이러한 θ 아래의 $S(\theta)$의 기울기 ∇S를 0으로 하는 점이 되고(필요 조건), 다음 연립 방정식의 해가 된다.

$$\frac{\partial S}{\partial\theta_j}=2\sum_{i=1}^{n}r_i\frac{\partial r_i}{\partial\theta_j}.\ \ (j=1,\ 2,\ \cdots,\ m)$$

이 연립방정식을 푸는 것은 쉽지 않으며 연속 근사를 필요로 하는 경우가 많다.

문제 2.6

(1) 구할 함수를 $f(x_i,\ \theta)=\theta_1+\theta_2x_i(i=1,\ 2,\ \cdots,\ n)$로 하고, $S(\theta)$를 최소로 하는 $\theta_1,\ \theta_2$는 방정식

$$\begin{cases}\frac{\partial S}{\partial_1}=-2\sum_{i=1}^{n}(y_i-\theta_1-\theta_2x_i)=0,\\ \frac{\partial S}{\partial_2}=-2\sum_{i=1}^{n}(y_i-\theta_1-\theta_2x_i)x_i=0\end{cases}$$

에서 연립 이차방정식

$$\begin{cases} n\theta_1 + \theta_2 \sum_{i=1}^{n} x_i = \sum_{i=1}^{n} y_i, \\ \theta_1 \sum_{i=1}^{n} x_i + \theta_2 \sum_{i=1}^{n} x_i^2 = \sum_{i=1}^{n} x_i y_i \end{cases}$$

를 만족한다는 것을 나타내고, θ_1, θ_2를 결정하여라.

(2) 구하는 함수를 $f(x_i,\ \theta) = \theta_1 + \theta_2 x_i + \theta_3 x_i^2$로 하여, (1)과 마찬가지로 $S(\theta)$를 최소로 하는 θ_1, θ_2, θ_3를 결정하여라.

CHAPTER 03

항 HIV 치료의 수학적 모델

본 장에서는 항 HIV 치료에서의 바이러스 감염 동역학의 정량화에 관한 연구를 소개한다. 특히, 항바이러스 치료를 받고 있는 감염자(감염 동물)의 혈장 내 바이러스 RNA 양의 임상 (실험)데이터를 분석하여 정량화할 수 있는 생체 내 바이러스 감염 동역학 지표에 대해 설명한다. 먼저 프로테아제 억제제를 이용한 항 HIV 단일요법 치료의 임상 데이터를 분석하는 수학적 모델 및 이를 통해 밝혀진 HIV-1 감염 동역학에 대해 개괄적으로 설명한다. 다음으로 SIV에 감염된 붉은털 원숭이 모델을 이용하여 수행한 프로테아제 억제제와 역전사효소 억제제를 병용한 항 HIV요법(Highly Activated Anti-Retroviral Therapy: HAART)의 실험 데이터를 분석한다. 그리고 이러한 분석에서 정량화된 바이러스 감염 동역학을 바탕으로 현재의 항 HIV 요법의 개선 가능성과 그 한계에 대해 논의한다.

지난 세기 최대의 전염병인 HIV－1 감염은 1983년 원인 바이러스가 분리된 이후 다양한 연구자들의 노력에도 불구하고 여전히 많은 수수께끼에 싸여 있다. 예를 들어 바이러스 감염에서 후천면역결핍증후군(Acquired Immunodeficiency Syndorom: AIDS) 발병까지의 잠복기간이 평균 10년 이상이라는 전형적인 병태생리학적 기전과 심지어 이러한 병태 주요 원인으로 생각되고 있는 $CD4^{+}T$ 세포의 감소 기전조차 완전히 밝혀지지 않았다. 그러나 당시에는 '죽음의 병'이라고 두려워했던 HIV－1 감염병이지만 현재는 많은 항 HIV 치료제가 개발되어 효과적인 치료 방법이 확립되고있다. 그 중에서도 두 가지 또는 그 이상의 작용기전을 갖는 항바이러스 약물을 동시에 복용하는 HAART는 매우 효과적이며 거의 모든 HIV－1 감염자의 혈장 바이러스 RNA

양을 수개월 내에 검출 한계치 이하로 낮출 수 있다. 현재 HAART의 보급으로 HIV−1에 의한 이환율 및 사망률은 급격히 개선되고 있지만, 안타깝게도 HAART도 감염자의 체내에서 바이러스를 완전히 제거할 수 없는 것이 현실이다. 본 절에서는 항 HIV−1 단일요법 및 병용요법으로 치료한 바이러스 감염 동역학을 설명하는 수학적 모델을 이용하여 임상·실험 데이터를 분석하고 HIV−1 감염자로부터 바이러스를 제거하기 위해 해결 및 개선이 필요한 문제를 논의하고자 한다. 또한, 항 HIV−1 치료하에서의 바이러스 감염 동역학 정량화에 관한 연구는 총설 [171, 172, 183, 200]에 자세하게 정리되어 있다.

3.1 단일요법으로 치료한 HIV−1 감염 동역학 (I)

HIV−1 감염증의 경우 바이러스 감염 후 임상 증상을 보이지 않는 무증상 기간(만성 감염기)이 매우 길다. 또한 만성 감염기의 HIV−1 감염자의 혈장 내 바이러스 RNA 양을 시간 경과에 따라 측정한 결과 바이러스 RNA 양은 일반적으로 변화 없이 유지되고 있음을 알 수 있다[1]. 이러한 사실로 인해 HIV−1이 분리될 당시에는 'HIV−1의 복제 프로세스는 매우 느린 턴오버를 가지고있다'라고 생각되었다. 그러나 만성 감염기 HIV−1 감염자에 대한 프로테아제 억제제 중 하나인 리토나비르의 임상시험 제 I/II 상에서 치료 시작 후 약 2주 만에 혈장 내 바이러스 RNA 양이 10분의 1에서 100분의 1로 감소하는 것이 관

1 만성 감염기에 정상 상태가 된 바이러스 양을 바이러스학적 세트포인트라고 하는데, 이 값이 환자의 예후와 중요한 관계가 있으며, 세트포인트 시점의 바이러스 양이 많을수록 에이즈가 발생하기 쉽다는 것이 밝혀졌다[138].

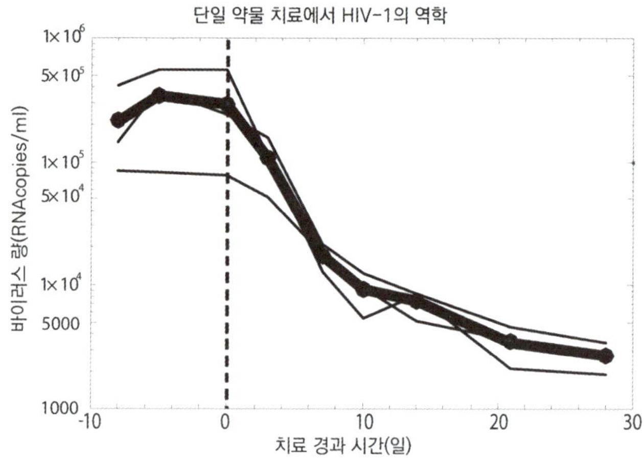

그림 3.1

단일요법으로 치료한 혈장 내 HIV-1 RNA 양의 시계열 동역학 (I): 환자 303, 403, 409는 20명의 HIV-1 감염자를 대상으로 한 프로테아제 억제제 임상시험의 전형적인 예이다. 3개의 가는 선은 각 환자의 바이러스 RNA 양의 동역학을, 세로 점선은 프로테아제 억제제 투여 시작 시점을 나타낸다. 검은색 원과 굵은 선은 각 측정 시점의 바이러스 RNA 양의 평균값이다. 데이터는 *Ho DD. et al.* 논문 [85]의 그림 1에서 추출 및 수정한 값이다.

찰되었다[85, 169, 215](그림 3.1). 이러한 바이러스 RNA 양의 급격한 감소는 HIV−1의 복제과정이 매우 빠른 턴오버를 가지고 있음을 시사했다. 또한 단일요법으로 치료한 혈장 바이러스 RNA 양 시계열 데이터를 수학적 모델을 이용하여 분석함으로써 바이러스의 생산율과 제거율을 정량화할 수 있게 되었다. *Ho DD. et al.*에 의한 논문[85]과 *Wei X. et al.*의 논문[215]은 이러한 단일요법으로 치료한 만성 감염기의 HIV−1 감염자의 임상 데이터로부터 HIV−1의 생체 내 감염 동역학을 정량화한 세계 최초의 보고이다[2]. 그들의 수학적 모델을 이용한 분

2 이 두 논문 [85, 215]은 1995년 네이처 저널에 같은 권의 연속된 페이지에 실렸다. 이 두 논문은 바이러스학계에서 수학적 모델을 이용한 분석이

석으로 HIV-1 감염자에서의 감염이 매우 동적이며 감염 만성기의 바이러스 RNA 양은 파괴와 재생의 변화하는 역동을 기반으로 유지되고 있는 것이 밝혀졌다. 다음은 논문 [85, 215]에 보고 된 단일요법으로 치료한 임상 데이터로부터 정량화된 생체 내의 HIV-1 감염 동역학을 설명한다.

만성 감염기의 HIV-1 감염자에 대한 프로테아제 억제제에 의한 임상시험 (I)

프로테아제는 바이러스 입자의 성숙, 즉 HIV-1 단백질인 Gag-Pol을 절단하는 역할을 한다[110]. 또한 프로테아제 억제제는 이 프로테아제에 결합하여 단백질 Gag-Pol의 절단을 억제하여 HIV가 성숙하여 감염성을 갖는 것을 막는 항바이러스 약물이다. *Ho DD. et al.*의 논문 [85]에서는 20명의 HIV-1 감염자에게 프로테아제 억제제를 경구 투여하고 있다. 치료 전 혈장 내 바이러스 RNA 양 및 말초혈액 내 $CD4^+T$ 세포 수는 각각 3.00×10^4에서 1.11×10^6(RNA copies/ ml)과 36에서 490(cells/μl)이었다. 또한 *Wei X. et al.*의 논문[215]에서도 치료 전 바이러스 RNA 양과 $CD4^+T$ 세포 수가 각각 3.98×10^5에서 1.58×10^7(RNA copies/ml)과 18에서 251(cells/μl)인 22명의 HIV-1 감염자에게 프로테아제 억제제를 경구 투여하고 있다. 각 임상시험은 며칠 간격으로 혈장 내 바이러스 RNA 양을 측정하여 단일요법으로 치료한 바이러스 RNA 양의 시계열 데이터를 수집했다. 모든 환자에서 프로테아제 억제제 투여 후 약 2주 이내에 혈장 내 바이러스 RNA 양의 현저한 감소가 관찰되었다. 또한 여러 환자에서 $CD4^+T$ 세포 수의 회복도 확인되었다[85, 215]. 이와 같이 프로테아제 억제제는 매우 강력한 항 HIV-1 작용과 면역 기능 회복 효과가 있는 것을 알 수 있다. 표

널리 알려지게 된 계기가 된 획기적인 연구이다.

3.1은 *Ho DD. et al.*의 논문[85]에서 보고된 단일요법으로 치료한 환자 303, 403, 409의 혈장 1ml 내 HIV−1 RNA의 복제 수 이다[3]. 그림 3.1의 세 개의 얇은 선은 프로테아제 억제제 투여 시작 약 1주일 전부터 약 4주 후를 측정한 각 환자의 혈장 1ml 내 바이러스 RNA 양의 시계열 데이터이다. 그림의 세로 점선은 프로테아제 억제제의 투여 시작 시간을 나타낸다. 또한 검은색 점과 굵은 선은 각 측정 시점의 바이러스 RNA 양의 평균값을 나타내며 앞으로는 이 평균값을 이용하여 분석을 진행한다.

가장 간단한 수학적 모델에 의한 분석

표 3.1

환자	치료 경과 시간(일): 바이러스 양								
	−8	−5	0	3	7	10	14	21	28
303	8.50×10^4	8.26×10^4	7.80×10^4	5.21×10^4	1.78×10^4	9.60×10^3	5.17×10^3	3.63×10^3	2.69×10^3
403	1.44×10^5	3.79×10^5	2.40×10^5	1.56×10^5	2.14×10^4	1.25×10^4	8.60×10^3	4.64×10^3	3.46×10^3
409	4.10×10^5	5.51×10^5	5.51×10^5	1.10×10^5	1.29×10^4	5.45×10^3	8.38×10^3	2.13×10^3	1.91×10^3
평균	2.13×10^5	3.37×10^5	2.90×10^5	1.06×10^5	1.74×10^4	9.19×10^3	7.38×10^3	3.47×10^3	2.69×10^3

3명의 만성 HIV−1 감염자에서 프로테아제 억제제 임상시험 데이터: 표의 데이터는 혈장 1ml 내 HIV−1 RNA 복사본 수(즉, RNA copies/ml 단위)로 표시되어 있다. 데이터는 *Ho DD. et al.* 논문 [85]의 그림 1에서 추출 및 수정한 값이다.

현재까지 생체 내 HIV−1 감염 동역학을 설명하는 복잡한 수학적 모델이 많이 개발되어 있다. 그러나 본 임상시험에서 얻은 항바이러스 약물 투여 후 몇 주 동안에 혈장 내 바이러스 RNA 양이 기하급수적으로 감소한다는 임상 데이터는 복잡한 수학적 모델을 이용한 분석이 필

3 표 3.1의 수치는 논문 [85]의 그림 1에서 필자들이 추출한 값을 수정한 것이다. 따라서 논문 [85]에서 사용된 실제 수치와는 조금 다르다는 점에 유의해야 한다.

요하지 않다는 것을 알 수 있다. 여기서는 바이러스 복제 프로세스를 기술하는 가장 단순한 수학적 모델을 이용하여 임상 데이터를 분석하고 감염자 생체 내 HIV－1의 감염 동역학을 정량화해 나간다.

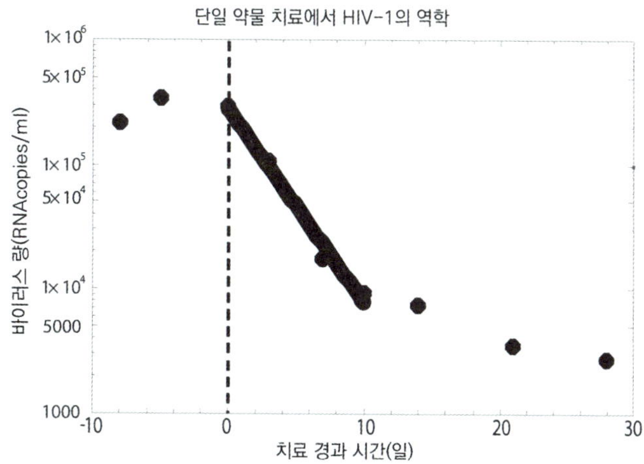

그림 3.2

단일요법으로 치료한 혈장 내 HIV－1 RNA 양 분석 (I): 그림의 검은색 선은 프로테아제 억제제 투여 시작 후 10일간의 HIV－1 감염 동역학을, 기울기는 바이러스 제거율 (c)를 나타낸다. 여기서, 선형 회귀를 통해 $c=0.358(\mathrm{day}^{-1})$로 추정된다. 또한, 치료 시작 전 1주간의 바이러스 양의 평균값은 $V(0)=2.80\times10^5$(RNA copies/ml)이다.

단위 시간당 생산되는 총 바이러스 양을 K(RNA copies/ml)라고 가정하면, 기본적인 수학적 모델(2.1)은 다음과 같이 된다.

$$\frac{dV(t)}{dt}=K-cV(t) \tag{3.1}$$

여기서 $V(t)$는 혈장 1ml 내 HIV－1의 RNA 복제 수를 나타낸다.

항바이러스제가 바이러스의 복제를 완전히 억제할 수 있다(즉, $K=0$)라고 생각하면 단일요법으로 치료한 HIV－1 감염 동역학은 식(3.1)으로부터 아래의 해석해로 설명할 수 있다.

$$V(t) = V(0)\exp(-ct) \tag{3.2}$$

시간 $t=0$은 프로테아제 억제제의 투여 시작 시간, $V(0)$는 프로테아제 억제제의 투여 전 HIV－1 RNA 양을 나타낸다. **그림 3.2**의 검은색 선은 해석해(3.2)에 의한 치료 시작 후 10일 간의 바이러스 감염 동역학을 나타내며 그 기울기는 c에 해당한다. 또한 $V(0)$는 치료 시작 전 1주일 간의 바이러스 양의 평균값을 사용하였다.

만성 감염기의 HIV-1의 턴오버

바이러스 입자의 제거율이 $c=0.358(\text{day}^{-1})$이므로 만성 감염기의 HIV－1 입자의 반감기는 1.94일로 추정할 수 있다. 즉, 치료 시작 후 10일 동안 약 97.2%의 바이러스가 환자의 혈장 내에서 제거되었음을 의미한다. 또한, 여기서 추정된 HIV－1 입자의 반감기는 '치료 시작 후에 바이러스 복제가 완전히 억제된다(즉, $K=0$)'고 가정하고 있기 때문에 원래의 값에 비해 길게 추정되었다는 점에 유의해야 한다. 이것은 해석해(3.2)에서 치료 시작시 이미 생체 내에 존재하는 감염된 세포가 치료 시작 후에도 바이러스 생산을 하고 있다는 점을 고려하지 않았기 때문이다. 실제로 치료 시작 후 바이러스 RNA의 가하급수적인 감소는 혈장에서의 바이러스 입자의 제거율과 감염된 세포의 사망률에 의하여 결정된다. 즉, 본 임상시험 데이터의 분석으로부터 추정된 HIV－1 입자의 반감기는 바이러스 입자의 반감기와 감염세포의 반감기를 혼합한 값이 된다[4] (물론, 두 반감기 모두 여기서 추정된 혼합값을 초과하지 않는다).

다음으로 정량화된 바이러스 입자의 제거율 c를 이용하여 만성 감염 기간 동안 생체 내 총 바이러스 생산량의 최소값을 계산한다. 치료 시작 전 각 환자의 바이러스 양 $V(0)$가 평형 상태에 도달했다면 바이러스 생산량과 바이러스 제거량이 균형을 이루어야 한다. 즉, 식(3.1)에서의 단위 시간당 바이러스의 변화량은 $\frac{dV(t)}{dt}=0$이 되며 $K=cV(0)$의 관계가 성립된다. 따라서 단위 시간(1일)당 혈장 1ml 중에 생산되는 바이러스의 총량은 $K=1.00\times10^5$RNA copies/ml이다. 생체 내에서 하루에 생산되는 총 바이러스 양을 계산하기 위해서는 이 값에 바이러스 입자가 포함되어 있다고 생각되는 전체 체액량을 곱하면 된다. 보통 70kg의 남성의 체액은 약 15L이므로 생체 내에서의 하루의 총 바이러스 생산량은 1.50×10^9RNA copies로 추정된다. 또한 이 값은 프로테아제 억제제에 의한 감염 억제 효과가 100%라는 가정하에 계산된 것이며 모든 복제 바이러스가 세포 밖으로 방출되지 않는다는 점을 고려하면 본래의 값의 최소값이다. 그러나 모든 바이러스 입자에 반드시 RNA가 2카피씩 포함되어 있다고 생각하면 HIV-1 만성 감염기에는 매일 적어도 약 1억 개의 바이러스 입자가 생산되고 제거되므로 HIV-1 감염자의 바이러스 감염이 매우 역동적인 것임을 알 수 있다.

4 *Ho DD. et al.* 논문 [85]과 *Wei X. et al.* 논문 [215]에서는 (여러 종류의) 감염된 세포를 고려한 수학적 모델을 통한 분석도 이루어졌다. 그러나 본 연구에서 얻어진 데이터는 이러한 수학적 모델을 사용하여 여러 매개변수를 추정하기에는 충분하지 않다. 보다 상세한 데이터를 이용하여 HIV−1 감염세포의 반감기 등을 정량화한 연구 [169]에 대해서는 다음 절에 서술되어 있다.

정리

여기서는 *Ho DD. et al.*의 논문 [85]에서 얻은 만성 감염기의 HIV−1 감염자에 대한 프로테아제 억제제를 이용한 임상시험 데이터를 통해 단일요법으로 치료한 HIV−1 감염 동역학을 정량화하였다. 추정된 HIV−1 입자의 반감기는 최대 1.94일, 하루의 총 바이러스 생산량은 최소 1.50×10^9 RNA copies이었다. 이 값은 *Wei X. et al.* 논문 [215]에서 추정된 값과 동등한 값이다. 이와 같이 수학적 모델을 이용한 분석은 경험적으로 생각했던 'HIV−1의 복제 프로세스가 매우 느린 턴오버를 가지고 있다'라는 예측이 틀렸다는 것을 보여주며 'HIV−1의 복제 프로세스가 매우 빠른 턴오버를 가지고 있다'는 사실을 증명 하였다[5]. 또한, 이러한 매우 높은 바이러스 생산량은 HIV−1이 쉽게 항바이러스제에 대한 내성 기능을 획득할 수 있는 것을 의미한다[25, 171, 172, 179](다음 절 참조). *Ho DD. et al.*의 논문 [85]과 *Wei X. et al.*의 논문 [215]에 의하면 프로테아제 억제제에 의한 치료 시작 후 2주일 이내에 모든 환자에서 혈장 내 바이러스 양이 치료 전

5 *Ho DD. et al.*의 논문 [85]과 *Wei X. et al.*의 논문 [215]에서는 항바이러스 치료에 따른 $CD4^+T$ 세포 수의 증가로부터 생체 내 $CD4^+T$ 세포의 일일 회전율을 각각 2.6×10^9개와 2.0×10^9개로 추정하고 있으며 이들은 이러한 $CD4^+T$ 세포 수의 회복은 '흉선에서 새로운 $CD4^+T$ 세포의 생성'과 '말초혈액에서의 $CD4^+T$ 세포의 증식'에 기인한 것으로 보고 있다. 이러한 $CD4^+T$ 세포 수의 회복이 '흉선에서의 새로운 $CD4^+T$ 세포의 생산'과 '말초혈액 내 $CD4^+T$ 세포의 증식'에 의한 것으로 고찰하고 있다. 그러나 이러한 고찰은 논란이 되었고 특히 논문 [85, 215]에 대한 많은 연구자들의 의견과 저자들의 답변이 논란이 되었다. 몇 달 후 Nature 지에 'HIV results in the frame'이라는 제목으로 게재되었다[5, 16, 17, 50, 55, 119, 142, 148, 160, 173, 202, 214].

의 약 1%까지 감소하였으나 이후 거의 모든 환자에 서 약물 내성 바이러스가 출현하여 바이러스 양이 다시 치료 전의 값까지 돌아간 것으로 보고되었다. 즉, 약물 내성 바이러스의 출현을 저지하며 장기간 혈장 내 바이러스 양을 낮게 유지하기 위해서는 프로테아제 억제제에 의한 단일요법 치료를 대체할 수 있는 새로운 항바이러스제 및 약물 치료 전략이 필요함을 시사한다. 이와 같이 수학적 모델을 이용한 HIV-1 감염 동역학의 정량화 연구가 계기가 되어 바이러스의 뛰어난 진화 전략에 대응하기 위한 치료 전략(HAART)이 제안되고 보급되는 계기가 되었다.

칼럼

인간면역결핍바이러스 1형(HIV-1) 감염

교토 대학교 바이러스 연구소: 코야나기 요시오

성인의 중증면역결핍증후군의 사망 사례가 1981년에 미국에서 급격하게 증가하였다[19]. 이는 AIDS라는 완전히 새로운 병의 출현이었다. 이 질환은 **그림 3.3**과 같이 감염 성립 후, 수 년에서 수십 년이 경과한 뒤에 $CD4^{+}T$세포 수의 급격한 감소에 의한 세포성 면역결핍이 일으킨다. 그 후에, HIV－1라고 명명된 신규 바이러스가 $CD4^{+}T$세포로부터 분리된 것과 HIV－1이 사람에서 사람으로 감염전파하여 같은 증상이 수 년후에 발병하여 HIV－1이 AIDS의 원인이 되는 바이러스라는 것이 증명되었다[204]. RNA를 게놈으로 갖는 레트로바이러스인 HIV는 세포 내에 침입한 후 역전사반응을 통해 DNA를 만들고 세포 염색체에 통합된다. 그리고 세포 유전자의 발현 시스템인 mRNA 발현 증폭과 단백질 변환 시스템을 이용하여 1개의 바이러스에서 수 천개에 이르는 대량의 바이러스 입자를 단위 사이클로 생산한다[116]. 바이러스 단백질과 RNA로 구성되는 바이러스 입자는 세포 밖으로 방출되며 혈액 내에서는 혈장에 존재하기 때문에 그 RNA를 측정하여 혈중 바이러스 양을 알 수 있다. 최초의 AIDS환자가 보고 된 이후 30년 이상이 지난 현재에도 지구상에는 매년 200만 명 이상의 HIV감염자가 AIDS로 사망하며 AIDS는 전 세계의 사인(死因) 6위이다. 1997년부터 HIV가 코드하는 역전사효소 및 프로테아제 효소에 대한 억제제를 이용한 항 HIV제 병용 치료법이 개발·도입되어 HIV－1 감염증의 치료 성적은 큰 폭으로 개선 되었다. 게다가, 바이러스 DNA의 통합 효소(인테그라제)나 바이러스 공수용체(CCR5) 등의 경합 억제제의 개발이 적극적으로 진행되고 있다. 이러한 치료제의 복용으로 생체 내의 HIV－1

의 복제는 강력하게 억제되며 그 결과 AIDS의 발병과 새로운 개체로의 바이러스전파도 억제할 수 있게 되었다[27]. 이렇게 AIDS의 억제는 항 HIV치료제의 개발로 가능하게 되었다.

한편, 생체에는 바이러스라는 외래 병원체를 인식하여 제거하는 시스템이 준비되어 있다. 이 대표적인 시스템으로써 방어 면역 시스템이 있으며 특히 바이러스 감염된 세포를 인식하여 파괴하는 세포 독성 T세포(CTL)가 중요하다. 하지만 HIV−1와 같은 레트로바이러스는 유전자 돌연변이율이 몹시 높기 때문에 CTL로부터 도피하는 바이러스가 자주 나타난다. 동일한 원리로 항HIV제에 대한 내성 바이러스도 빈번하게 출현한다. 심지어 HIV−1의 경우 $CD4^{+}T$세포에 통합된 DNA 바이러스는 그 세포가 생존하는 한 살아 남으며 그 중에는 적어도 수년 이상 생존하는 HIV−1의 잠복 감염된 세포도 확인되었다. 따

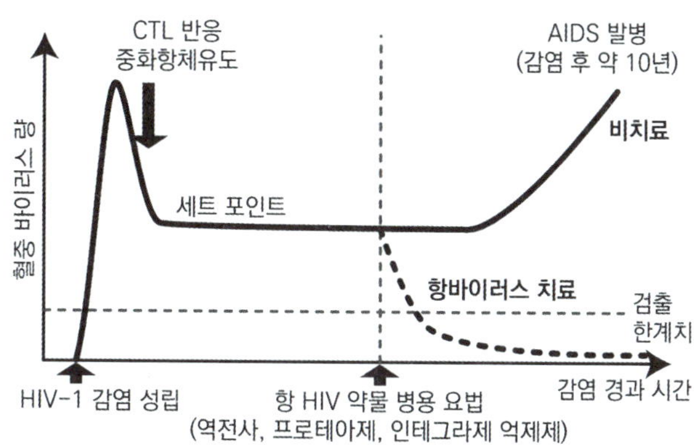

그림 3.3

HIV−1 감염의 경과: HIV−1 감염 후 2~3주 후 바이러스 양은 빠르게 정점에 도달한다. 감염 후 면역반응(CTL 유도 및 항체 생성)에 의해 정점에 도달한 바이러스 양은 6~8개월 후 일정 수준까지 감소하여 정상상태(세트포인트)로 전환된다. 감염 후 항HIV 치료를 하지 않으면 HIV 감염이 더욱 진행되어 $CD4^{+}T$세포가 급격히 감소하고 바이러스 양이 폭발적으로 증가한다.

라서, 현존하는 항HIV치료제는 위에서 설명한 것과 같이 매우 강력하며 효과적이지만 바이러스를 생체 내에서 완전히 제거하지는 못한다.

지금까지의 연구로 몇 년에서 몇십 년까지의 긴 시간 동안 일어나는 HIV−1 감염증의 큰 특징(즉 HIV−1에 대한 CTL 및 항 HIV치료제에 의한 억제 반응과 그 사이에 성립되는 동적 평행상태나 그 평행상태의 파괴에 의한 혈중 바이러스 양의 폭발적 증가와 $CD4^+T$세포의 고갈을 동반하는 임상증상의 출현)은 바이러스의 지속적 복제에 의한 바이러스의 양적변동과 병원성 독성이 강한 돌연변이체나 내성 바이러스의 출현 등의 바이러스의 질적 변동에 크게 관련되어 있다는 것이 알려졌다. 질환이라는 극히 현실적인 현상의 이해가 임상 및 감염 실험 데이터를 정량적으로 분석할 수 있는 응용 수학으로 실현 가능하게 될 것이다.

3.2 단일요법으로 치료한 HIV-1 감염 동역학 (II)

*Ho DD. et al.*의 논문 [85]과 *Wei X. et al.*의 논문 [215]에서 프로테아제 억제제를 사용한 임상시험 데이터의 분석한 결과 치료 후 혈장 내 바이러스 RNA 양이 반감기 약 2일 만에 기하급수적으로 감소하는 것을 확인하였다. 또한 *Nowak MA. et al.*의 논문 [160]에서는 역전사효소 억제제(AZT)를 이용한 단일요법으로 치료한 혈장 내 HIV−1 RNA 양 시계열 데이터를 수학적 모델을 이용하여 분석하고 있다. 역전사효소란 감염된 세포에서 HIV−1의 바이러스 RNA를 주형으로 바이러스 DNA를 합성 하는 역할을 하는 효소이다. 이러한 역전사효소의 억제제는 이 반응을 억제하여 세포의 게놈에 통합되는 바이러스 DNA의 합성을 하지 못하게 하는 항바이러스제이다[127]. 프로테아제 억제제처럼 역전사효소 억제제를 투여한 후에도 혈장 내 바이러스 RNA 양은 현저하게 감소했다. 이 분석으로부터 추정된 혈장 내 바이러스 RNA 양의 반감기는 1.9일이었으며 논문 [85, 215]에서 추정된 값과 유사한 값이었다. 이와 같이 프로테아제 억제제 또는 역전사효소 억제제를 사용한 단일요법으로 치료한 혈장 내 HIV−1 RNA 양의 분석으로부터 얻어진 생체 내의 HIV−1의 감염 역학은 본질적으로 같다는 것을 알 수 있다. 하지만, 일반적으로 단일요법 치료 후의 바이러스 양의 감소는 혈장으로부터 바이러스 입자의 사멸과 감염된 세포의 사멸이 혼합되어 일어나기 때문에 추정된 HIV−1의 반감기는 바이러스 입자의 반감기와 감염된 세포의 반감기가 혼합된 값이다. 아래에서는 바이러스 입자와 감염된 세포의 동역학을 개별적으로 이해하기 위해 논문 [169]에 대해 설명한다. 이 연구는 프로테아제 억제제를 투여한 만성 감염기의 HIV−1 감염자로부터 높은 빈도로 추출한 데이터를 분석하여 새롭게 정량화된 생체 내의 HIV−1 감염 동역학을 설명한다.

만성 감염기의 HIV-1 감염자에 대한 프로테아제 억제제에 의한 임상시험 (II)

*Perelson AS. et al.*의 논문 [169]에서 5명의 HIV−1 감염자에게 프로테아제 억제제를 경구 투여했다. 치료 전의 혈장 내 바이러스 RNA는 2.40×10^4에서 1.283×10^7(RNA copies/ml)이고 말초혈액 내 $CD4^+$ T세포 수는 2에서 412(cells/μl)이었다. 본 임상시험에서는 프로테아제 억제제 투여 후 처음 6시간까지는 2시간 간격, 2일째까지는 6시간 간격, 1주일째까지는 1일 간격이라는 매우 높은 빈도로 혈장 내 바이러스 RNA 양을 측정하여 단일요법으로 치료한 바이러스 RNA 양의 시계열 데이터를 수집하고 있다. *Ho DD. et al.*의 논문 [85] 및 *Wei X. et al.*의 논문 [215]과 동일하게 모든 환자에서 프로테아제 억제제 투여 후 혈장 내 바이러스 RNA 양의 기하급수적 감소가 관찰되었다. 표 3.2는 *Perelson AS. et al.*의 논문 [169]에서 보고 된 단일요법으로 치료한 5명의 환자의 혈장 1ml 내 HIV−1 RNA 복제 수이다. **그림 3.4**의 5개의 가는 선은 약 1주일 동안의 프로테아제 억제제 투여 중인 각 환자의 혈장 1ml 내 바이러스 RNA 양의 시계열 데이터이다. 그림의 수직 점선은 프로테아제 억제제의 투여 시작 시각을 나타낸다. 또한, 검은색 점과 굵은 선은 각 측정시의 바이러스 RNA 양의 평균값을 나타내며 앞으로는 이 평균값을 이용하여 분석을 진행한다.

프로테아제 억제제로 치료한 임상시험 데이터의 수학적 모델 분석

프로테아제 억제제의 투여 후 **그림 3.4**에서 볼 수 있듯이 혈장 내 바이러스 양이 감소하기 시작할 때까지 약 1.25일의 지연이 발생한다. 이 지연은 생체 내에서 약물이 흡수, 확산, 침투하는 데 필요한 시간이라는 생각만으로는 설명할 수 없다. 프로테아제 억제제 효과의 지연은 혈장 내 바이러스 감염 역가($TICD_{50}$/ml)가 감소하기 시작하는 시점으로부터 약 3.6시간 정도로 추정되기 때문이다. 실제로 이러한 추가적인 지연은 프로테아제 억제제의 작용 메커니즘을 고려하는 것으로 설명할 수 있다. 즉, 프로테아제 억제제에는 새롭게 생산된 바이러스 입자를 미성숙 바이러스 입자(비감염성 바이러스 입자)로 바꾸는 작용이 있을 뿐 약물 투여시에 이미 존재하고 있던 감염세포의 바이러스 생산이나 바이러스 입자의 신규 감염을 억제하는 작용은 없다는 것이다. *Ho DD. et al.*의 논문 [85]과 *Wei X. et al.*의 논문 [215]에서 실시된 임상

표 3.2

환자	치료 경과 시간(일): 바이러스 양							
	0	0.083	0.166	0.25	0.5	0.75	1	1.25
102	6.10×10^5	4.10×10^5	4.60×10^5	5.60×10^5	4.80×10^5	7.20×10^5	4.60×10^5	5.10×10^5
103	1.90×10^4	1.80×10^4	3.40×10^4	3.40×10^4	3.20×10^4	3.80×10^4	2.80×10^4	2.50×10^4
104	1.00×10^5	9.50×10^4	1.60×10^5	1.50×10^5	1.20×10^5	1.20×10^5	1.10×10^5	1.10×10^5
105	1.02×10^6	1.08×10^6	2.15×10^6	1.04×10^6	2.17×10^6	1.54×10^6	3.10×10^6	2.26×10^6
107	1.60×10^5	2.40×10^5	2.60×10^5	2.30×10^5	2.40×10^5	1.80×10^5	2.00×10^5	1.80×10^5
평균	3.82×10^5	3.68×10^5	6.12×10^5	4.03×10^5	6.08×10^5	5.19×10^5	7.79×10^5	6.17×10^5

환자	치료 경과 시간(일): 바이러스 양							
	1.5	1.75	2	3	4	5	6	7
102	3.00×10^5	4.20×10^5	2.50×10^5	2.90×10^5	2.50×10^5	1.90×10^5	1.10×10^5	-
103	1.80×10^4	3.30×10^4	1.80×10^4	1.10×10^4	5.40×10^3	1.60×10^3	1.40×10^3	-
104	7.30×10^4	8.20×10^4	6.60×10^4	3.50×10^4	2.20×10^4	2.10×10^4	1.60×10^4	4.80×10^3
105	1.32×10^6	1.20×10^6	9.80×10^5	7.10×10^5	5.00×10^5	2.80×10^5	1.70×10^5	8.90×10^4
107	1.20×10^5	1.40×10^5	1.50×10^5	6.70×10^4	5.40×10^4	3.10×10^4	1.60×10^4	1.10×10^4
평균	3.65×10^5	3.75×10^5	4.12×10^5	2.23×10^5	1.66×10^5	1.05×10^5	6.27×10^4	3.49×10^4

5명의 만성 HIV－1 감염인을 대상으로 한 프로테아제 억제제 임상시험 데이터: 표의 데이터는 혈장 1ml 내 HIV－1 RNA 양(즉, RNA copies/ml 단위)으로 표시되어 있다. 데이터는 *Rong L. et al.* 논문 [183]에 게재된 값을 사용하였다. 이 값들은 *Perelson AS. et al.* 논문 [169]에서 분석된 임상 데이터이다.

시험에서는 약 3일 간격이라는 낮은 빈도로 혈장 내 바이러스 양을 측정하였기에 본 임상시험에서 관측된 약 1.25일이라는 바이러스 양 감소까지의 지연을 발견하지 못했다. 따라서, 단순한 지수함수를 이용한 선형 회귀로부터 단일요법으로 치료한 혈장 내 HIV－1 RNA 양의 시계열 데이터를 분석하는 정도에 머물렀다. 그러나 여기에서는 처음 7일 동안 15개의 데이터를 측정하고 있기 때문에 프로테아제 억제제의 효과를 고려한 수학적 모델로 더욱 상세하게 HIV－1 감염 동역학을 분석할 수 있게 되었다. 다음에서 *Perelson AS. et al.*의 논문 [169]에서 개발된 수학적 모델을 이용한 임상시험 데이터를 분석하고자 한다.

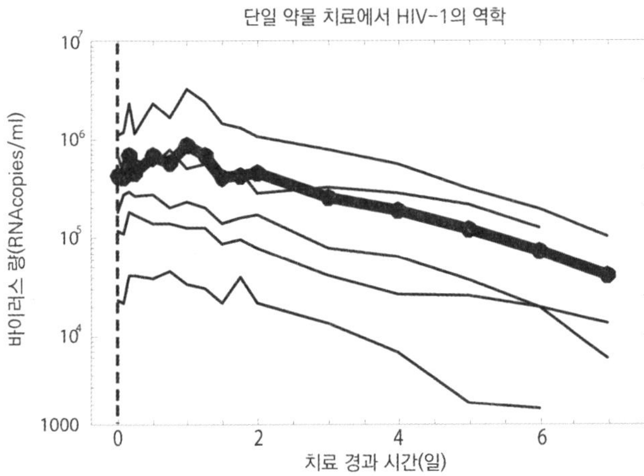

그림 3.4

단일요법으로 치료한 혈장 내 HIV－1 RNA 양의 시계열 동역학 (II): 5개의 가는 선은 각 환자의 바이러스 RNA 양의 동역학, 세로 점선은 프로테아제 억제제 투여 시작 시점을 나타낸다. 검은색 원과 굵은 선은 각 측정 시점의 바이러스 RNA 양의 평균값이다. 데이터는 *Rong L. et al.*의 논문 [183]에 게재된 값을 사용하였다. 이 값들은 *Perelson AS. et al.*의 논문 [169]에서 분석된 임상 데이터이다.

프로테아제 억제제 투여 전의 생체 내 HIV−1 감염 동역학은 기본적인 수학적 모델(2.1)을 이용하여 설명할 수 있다. 여기서 $T(t)$와 $I(t)$는 각각 비감염 $CD4^{+}T$ 세포 수와 바이러스 생산을 하는 감염된 $CD4^{+}T$ 세포 수, $V(t)$는 혈장 1ml 내 HIV−1 RNA 복제 수를 나타낸다. 또한 프로테아제 억제제 투여 중에는 생산된 모든 바이러스 입자가 미성숙 바이러스 입자가 된다고 가정한다. 한편, 투여 시작 시점에 이미 생산되어 있던 바이러스 입자는 혈장 내에서 제거 될 때 까지 새롭게 표적세포에 감염할 수 있기 때문에 프로테아제 억제제로 치료할 경우의 수학적 모델은 다음과 같다[6].

$$\begin{aligned} \frac{dT(t)}{dt} &= \lambda - dT(t) - \beta T(t) V_W(t) \\ \frac{dI(t)}{dt} &= \beta T(t) V_W(t) - \delta I(t) \\ \frac{dV_W(t)}{dt} &= -cV_W(t) \\ \frac{dV_{PI}(t)}{dt} &= pI(t) - cV_{PI}(t) \end{aligned} \tag{3.3}$$

여기서, $V_W(t)$와 $V_{PI}(t)$는 각각 프로테아제 억제제 투여 시작 시에 이미 복제되어 있던 바이러스 입자의 RNA 양과 투여 시작 후에 복제된 미성숙 바이러스 입자의 RNA 양을 나타낸다. 따라서, 총 바이러스 입자의 RNA 양을 $V(t) = V_W(t) + V_{PI}(t)$, 프로테아제 억제제가 작용하기 시작한 시점을 $t = 0$라고 가정한다면 $V(0) = V_W(0)$와 $V_{PI}(0) =$

6 수학적 모델(3.3)에서 미성숙 바이러스 입자는 프로테아제 억제제의 영향을 받은 미성숙 HIV−1 입자를 의미한다. 즉, 수학적 모델(2.38)에서의 비감염성 바이러스 입자와는 다른 바이러스 집단을 의미한다는 점에 유의해야 한다.

0가 성립된다. 또한 수학적 모델(3.3)에서는 프로테아제 억제제에 의한 억제 효율이 100%라고 가정하고 있지만 모든 약물이 완전하게 작용하는 것은 아니다. 불완전한 억제 효율을 고려한 수학적 모델의 분석은 *Perelson AS. et al.*의 논문 [171]에 자세히 정리되어 있다.

또한, 프로테아제 억제제 투여 시작 전에 생체 내의 HIV−1 감염 동역학은 평형상태에 도달하고 $\left(\frac{dT(t)}{dt}=0,\ \frac{dI(t)}{dt}=0,\ \frac{dV(t)}{dt}=0\right)$, 프로테아제 억제제 투여 시작 후 적어도 1주일은 표적 세포 수가 근사적으로 평형상태에 머문다고($T(t)=T(0)$) 가정한다. 이 때에 수학적 모델(3.3)은 다음과 같은 선형 미분 방정식으로 나타낼 수 있다.

$$\begin{aligned}\frac{dI(t)}{dt}&=\beta T(0)\,V_W(t)-\delta I(t)\\ \frac{dV_W(t)}{dt}&=-c\,V_W(t)\\ \frac{dV_{PI}(t)}{dt}&=pI(t)-c\,V_{PI}(t)\end{aligned}\tag{3.4}$$

약물 투여 전의 평형상태 ($\beta T(0)\,V_W(0)=\delta I(0)$과 $pI(0)=cV(0)$)의 관계를 이용해 식을 풀면 프로테아제 억제제로 치료할 때의 혈장 중 바이러스 감염 동역학은

$$V(t)=V(0)e^{-ct}+\frac{cV(0)}{c-\delta}\left\{\frac{c}{c-\delta}\left(e^{-\delta t}-e^{-ct}\right)-\delta te^{-ct}\right\}\tag{3.5}$$

라는 근사식으로 설명할 수 있다[7].

7 *Wei X. et al.*의 논문 [215]에서는 약물 투여 후 기본 모델(2.1)에서 신규 감염이 완전히 억제되는 (즉, $\beta=0$)로 $\frac{dI(t)}{dt}=-\delta I(t)$ 및 $\frac{dV(t)}{dt}=pI(t)-cV(t)$를 이용하여 프로테아제 억제제로 치료할 경우의 바이러스 감염

감염자 생체 내의 HIV－1 감염 동역학을 정량화하기 위해 프로테아제 억제제로 치료하였을 때 바이러스 RNA 양의 시계열 데이터를 이용하여 근사식(3.5)의 매개변수 δ와 c, 초기값 $V(0)$를 추정한다. **그림 3.5**는 최적의 매개변수를 이용하여 계산한 근사식(3.5)의 프로테아제 억제제 치료하의 혈장 내 HIV－1 감염 동역학이다. 굵은 선은 총 바이러스 입자의 동역학을, 1점 쇄선은 투여 시작시 이미 복제되어 있던 바이러스 입자의 동역학을, 점선은 투여 시작 후에 복제된 미성숙 바이러스 입자의 동역학을 나타낸다.

만성 감염기의 HIV-1 입자 · 바이러스 생산 세포의 감염 동역학

추정된 바이러스 입자의 제거율 $c = 1.35(\text{day}^{-1})$은 만성 감염기의 바이러스 입자의 반감기가 12.3시간이라는 것을 의미한다[8]. 즉, 만성 감염기의 HIV－1 입자는 *Ho DD. et al.*의 논문 [85]과 *Wei X. et al.*의 논문 [215]에서 고찰되었던 '일(day)'의 시간 척도보다 월등히 빠른 '시간(hour)'의 시간 척도로 생체 내에서 제거되고 있다는 것이 밝혀졌다. 또한, 치료 시작 전의 각 환자의 바이러스 양 $V(0)$가 세트 포인트

동역학에 대한 근사식 $V(t) = V(0)(ce^{-\delta t} - \delta e^{-ct})/(c-\delta)$를 도출했다. 이 식은 *Nowak MA. et al.*의 논문 [160]에서도 역전사효소 억제제로 치료할 경우의 바이러스 감염 동역학을 나타내는 근사식으로 사용되었다. 그러나 이 근사식에서 매개변수인 δ와 c는 대칭적인 관계라는 점에 유의해야 한다. 바이러스 RNA 양의 시계열 데이터를 이용한 분석에서는 이 두 파라미터를 구분하여 추정할 수 없음을 보여주고 있다. 한편, 위에서 언급한 근사식(3.5)는 논문 [215]에서 사용된 식과 달리 매개변수 δ와 c는 비대칭적인 관계임을 알 수 있다.

8 이 값은 *Perelson AS. et al.* 논문 [169]에서 추정한 제거율의 평균값 $c = 3.07(\text{day}^{-1})$보다 작다. 이는 5명의 환자의 바이러스 RNA 양의 평균값을 이용하여 매개변수를 추정한 영향인 것으로 생각된다.

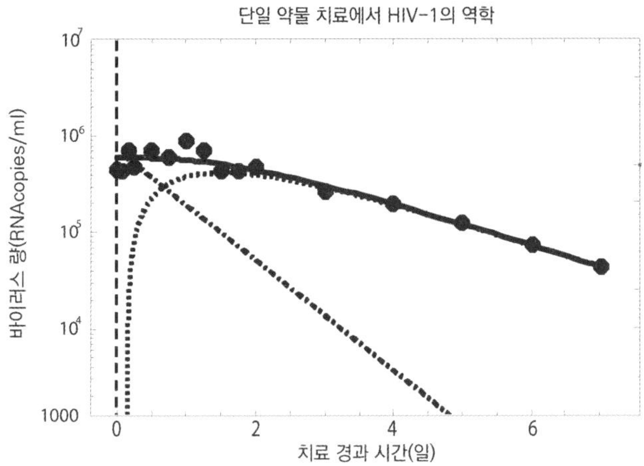

그림 3.5

단일요법으로 치료한 혈장 내 HIV-1 RNA 양 분석 (II): 그림의 굵은 선은 프로테아제 억제제 투여 시작 후 7일간 총 바이러스 입자의 동역학을 나타낸다. 1점 쇄선은 투여 시작 시점에 이미 복제된 바이러스 입자의 동역학, 점선은 투여 시작 후 복제된 미성숙 바이러스 입자의 동역학이다. 비선형 최소제곱법으로 추정한 최적의 매개변수는 $c = 1.35(\text{day}^{-1})$, $\delta = 0.53(\text{day}^{-1})$, $V(0) = 5.12 \times 10^5$(RNA copies/ml)이다.

에 도달한다고 가정하여 만성 감염기의 생체 내의 총 바이러스 생산량 $cV(0)$를 계산할 수 있다. 여기서는 단위 시간(1일)당 혈장 1ml 중에 생산되는 총 바이러스 양이 6.88×10^5RNA copies/ml이므로 70kg의 남성이라면 생체 내의 1일당 총 바이러스 생산량이 1.03×10^{10}RNA copies라고 추정된다(약물 억제율이 100%라고 가정하고 추정하였기 때문에 실제 값의 최소치가 된다).

한편, 바이러스 생산세포의 사망률이 $\delta = 0.53(\text{day}^{-1})$이므로 세포의 반감기는 약 1.30일로 추정할 수 있다. 즉, 논문 [85]와 논문 [215]에서 추정되었던 HIV－1의 반감기는 주로 바이러스 생산 세포의 반감기를 반영한 값이라는 것을 알 수 있다. 이는 바이러스 입자의 제거가 '시간(hour)'의 시간 단위이며 바이러스 생산세포의 사망이 '일(day)'의 시간 단위이기 때문이다. 예를 들어, 근사식(3.5)에서 바이러스 입자의 제거율이 바이러스 생산 세포의 사망률에 비해 크다고 하면 ($\delta < c$), 매개변수 c에 관한 지수함수가 ('시간(hour)'의 시간 단위로) 바로 0으로 수렴되어 매개변수 δ에 관한 지수함수가 ('일(day)'의 시간 단위로) 지배적이게 된다(*Wei X. et al.*의 논문 [215] 및 *Nowak MA. et al.*의 논문 [160]에서 사용된 수학적 모델에서도 동일한 의논이 성립된다). 즉, '일(day)'의 시간 단위로 측정된 바이러스 RNA 양의 시계열 데이터로부터는 '시간(hour)'의 시간 단위의 바이러스 입자의 제거율을 추정하지 못한다는 것을 뜻한다. 또한, 흥미롭게도 *Perelson AS. et al.*의 논문 [169]에서는 $CD4^{+}T$세포 수와 상관 없이 바이러스 생산 세포의 사망률이 환자 간에 큰 차이가 없다는 것을 언급하고 있다. 이렇듯, 매우 높은 빈도로 측정된 단일요법으로 치료한 바이러스 RNA 양의 시계열 데이터로부터 만성 감염기의 HIV－1 입자와 바이러스 생산 세포의 감염 동역학을 구별하여 정량화 하는 것이 가능해졌다.

만성 감염기의 HIV-1의 세대 시간

바이러스 입자가 바이러스 생산 세포에서 방출된 후에 새로운 표적 세포를 감염시켜 자손 바이러스 입자를 방출하기까지의 평균 시간을 고려한다. 그러나 단위 바이러스 입자에 대해서 생각할 경우 이들이 표적 세포를 감염시키기 전에 제거되는 가능성이 있기 때문에 단순하게 개별 바이러스 입자가 자손 바이러스 입자를 방출할 때까지의 시간을 평균화 하는 것은 어렵다. 따라서 바이러스 생산량과 바이러스 제거량이 균형을 이루는 만성 감염기에 바이러스 입자 $V(0)$(RNA copies/ml)가 새로운 자손 바이러스 입자 $V(0)$(RNA copies/ml)로 대체되기까지 걸리는 평균 시간을 '바이러스의 세대 시간'(즉, 세대교체까지의 평균 대기시간)로 정의한다. 이 세대 시간을 추정할 수 있다면 어느 정도의 속도로 바이러스가 복제되고 있는지를 이해하기 위한 하나의 지표가 된다. 실제로, 만성 감염기의 바이러스 세대 시간은 바이러스 생산 세포의 평균수명 $1/\delta$과 바이러스 입자가 제거될 때까지의 평균 시간 $1/c$의 합으로써 계산할 수 있다[9]. 본 임상시험 데이터를 분석한 결과 바이러스의 세대 시간이 $1/\delta+1/c=2.63$일이 되며 HIV−1은 만성 감염기의 1년간에 약 140번의 세대 교체를 하고 있는 것을 알 수 있다.

만성 감염기의 약물 내성 HIV-1의 출현

HIV−1 감염 만성기에서 하루에 적어도 약 1.0×10^{10}RNA copies의 바이러스가 생산되며 1년 동안 최소 약 140회 세대 교체가 일어난다. 이러한 빈번한 세대 교체는 약물 내성 바이러스의 출현 가능성을 높인다고 예측할 수 있다. HIV−1는 복제될 때마다 바이러스 게놈 RNA가 바이러스 DNA로 역전사 된다(**그림 2.1** 참조). 이 역전사의 과정은 오류가 발생하기 매우 쉽기 때문에(바이러스 용어로 'error−prone'이라고 부른다) 생체 내의 돌연변이 발생율은 '단위 염기 · 단위 바이러스 복제 사이클당 3.4×10^{-5}라고 추정된다.[133] 따라서, HIV−1 게놈이 약 10000 염기인 것을 감안하면 단위 바이러스 복제 사이클당 평균 0.34개의 돌연변이가 바이러스 게놈에 축적되는 계산이 된다. 여기서, 바이러스 게놈 중에 각 염기의 돌연변이가 이항 분포를 따른다고 가정하면 한 번의 바이러스 복제 사이클을 거친 후에 각각의 바이러스 생산 세포가 돌연변이를 획득한 프로바이러스 DNA[10]를 포함하는 확률은 다

9 *Perelson AS. et al.*의 논문 [169, 171]에서는 이 세대시간의 이론적 도출 방법 및 다양한 분석에 대해 자세히 설명한다.

10 감염된 세포의 게놈에 내장된 바이러스 DNA를 말한다.

음과 같이 논의할 수 있다.

예를 들어 돌연변이율을 u, 게놈 사이즈를 n이라고 한다면, 각 염기가 돌연변이를 일으키며 독립적으로 n번의 변이를 획득할 기회가 있다. 즉, 합계 m개의 염기에 돌연변이가 발생하는 확률은

$$\binom{n}{m} u^m (1-u)^{n-m} \tag{3.6}$$

로 나타낼 수 있다. 또한, $u \ll 1$이며 $n \gg 1$가 성립하므로 식(3.6)은 포아송 분포에 근사한다[107]. 즉, 포아송의 극한 정리에 의하여,

$$\lim_{n\to\infty} \binom{n}{m} u^m (1-u)^{n-m} = \frac{(nu)^m e^{-\nu}}{m!} \tag{3.7}$$

를 도출할 수 있다. 식(3.7)의 nu는 돌연변이를 획득한 염기의 평균 수를 나타낸다. HIV−1에서 $u = 3.4 \times 10^{-5}$와 $n = 1.0 \times 10^4$인 것을 고려하면 식(3.7)으로부터 한 번의 바이러스 복제 사이클을 거친 후, 74%의 바이러스 생산 세포는 돌연변이를 갖지 않은 바이러스 게놈을 포함한다는 계산이 된다. 또한, 22%, 3.3%, 0.33%의 바이러스 생산 세포가 각각 돌연변이를 1개, 2개, 3개 획득한 바이러스 게놈을 포함한다는 것을 알 수 있다. 이렇듯, 바이러스 복제 사이클당, 매우 높은 확률로 돌연변이를 갖는 HIV−1이 출현하는 것을 추정할 수 있다.

다음으로 1일당 어느 정도의 빈도로 돌연변이 바이러스가 출현하는가를 고찰해 본다. 예를 들면, 만성 감염기에서 각 바이러스의 생산 세포는 평균 수명이 2일이며 1일당 5.0×10^3RNA copies의 바이러스 입자를 생산할 수 있다고 가정한다[11]. 이 때에 생체 내에서 1일당

11 생체 내 바이러스 생성률은 아직 정확하게 추정되지 않았지만, 생물학적

1.0×10^{10}RNA copies의 HIV−1 입자가 생산되어 평균 2.0×10^6개의 바이러스 생산 세포가 존재 하는 것이 된다. 즉, 평형상태에서는 평균 1.0×10^6개의 감염성 바이러스 입자가 매일 생산되며 동시에 같은 수의 바이러스 생산 세포를 새롭게 창출하고 있다는 계산이 된다(그렇지 못하면 평형상태의 균형이 무너진다). 이러한 바이러스 입자들 중에 하나의 염기에 돌연변이가 발생한 게놈을 갖는 바이러스는 위와 같은 논의로부터 2.2×10^5개 존재한다고 예측할 수 있다. 바이러스 게놈의 각 염기는 아데닌(A), 구아닌(G), 시토신(C), 티민(T) 중 각각 다른 3가지 염기로 치환될 수 있기 때문에 일반적으로 m개의 염기가 변이하고 있는 게놈 사이즈가 n개 인 바이러스는 합계 $3^m\binom{n}{m}$종류 존재한다. 즉, 1개의 염기($m=1$)만이 변이한 HIV−1($n=1.0 \times 10^4$)는 고작 합계 3.0×10^4종류밖에 존재하지 않기 때문에 이론상으로는 이러한 모든 1염기 돌연변이 바이러스가 매일 복제되고 있는 것이 된다($2.2 \times 10^5 > 3.0 \times 10^4$). 실제로 1염기뿐의 돌연변이로 내성을 획득할 수 있는 항바이러스제의 치료에서는 쉽게 약물 내성 HIV−1이 출현하는 것으로 보고 되고 있다[73, 85, 197, 215].

또한, 2개의 염기 ($m=2$)에 돌연변이가 발생한 HIV−1은 합계 4.5×10^8종류 존재한다는 계산이 된다. 2개의 염기에 돌연변이가 발생한 바이러스 게놈을 포함하고 있는 바이러스 생산 세포는 매일 3.3×10^4개 만들어지기 때문에 하루에 7.4×10^{-5}의 빈도로 돌연변이 바이러스가 복제된다. 이는 2염기의 돌연변이로 내성을 획득할 수 있는 항바이러스제를 이용한 치료를 10만 명 규모로 진행할 경우에 모든 2염기 돌연변이 바이러스가 매일 복제되고 있기 때문에 많은 환자에게

으로 가능한 범위 내의 값이라면 아래 논의의 결론은 달라지지 않을 것임에 유의한다.

서 쉽게 약물 내성 바이러스가 확인될 수 있음을 의미한다. 이렇듯 1염기 혹은 2염기에 돌연변이가 발생한 바이러스(혹은 이미 존재하고 있는)가 출현하는 기회는 충분이 있을 수 있다는 것이 밝혀졌다. 그러나 총 4.5×10^{12}종류 존재하는 3개의 염기($m=3$)에 돌연변이가 발생한 바이러스의 출현 빈도를 생각한다면 상황은 달라진다. 즉, 3염기 돌연변이 바이러스 게놈을 포함하고 있는 바이러스의 생산 세포는 매일 3.3×10^3밖에 만들어지지 않기 때문에 하루에 7.4×10^{-10}라는 낮은 빈도로만 이러한 돌연변이 바이러스가 복제되기 때문이다. 즉, 어느 특정의 3염기가 치환되어 있는 돌연변이 바이러스가 자발적으로 출현하는 가능성은 매우 낮아진다는 것을 알 수 있다. 물론, 이미 1염기 혹은 2염기에 돌연변이가 축적되어 있는 바이러스가 만성 감염기에 선택되어 있는 경우는 위의 논의를 통해 3염기 돌연변이 바이러스가 높은 빈도로 출현할 수 있다는 점에 유의해야 한다.

이렇듯 1염기 혹은 2염기의 치환으로 내성을 획득할 수 있는 항바이러스제를 이용한 단일요법 치료에서는 약물 내성 HIV-1의 출현은 피할 수 없다는 것을 알 수 있다. 즉, 효과적인 항바이러스 치료를 확립하기 위해서는 작용 메커니즘이 다른 여러 항바이러스제를 동시에 복용하는 바이러스 게놈 중에 다수의 염기를 치환하지 않으면 내성을 획득하지 못하도록 하는 병용요법의 필요성이 요구되고 있다(병용요법에 관한 고찰은 다음 절을 참조). 또한, 유의미한 임상 성과를 얻기 위해서는 감염 후 되도록 빠른 단계에서의 강력한 항바이러스 치료가 필요하다는 것도 의미한다.

정리

*Perelson AS. et al.*의 논문 [169]에서는 만성 감염기의 HIV－1 감염자에 대한 프로테아제 억제제를 이용한 임상시험 데이터를 통해 바이러스 입자와 바이러스 생산 세포의 감염 동역학을 구별해서 정량화하는 것이 가능해졌다. 본 절에서는 논문 [169]에서 5명의 환자의 바이러스 RNA 양의 평균값을 이용하여 HIV－1 입자의 반감기가 최대 12.3시간이며 바이러스 생산 세포의 반감기가 최대 1.30일인 것을 추정했다. 여기서는 항바이러스 치료 시작 후의 표적 세포 수가 일정하다고 가정하여 HIV－1 감염 동역학을 추정하고 있지만 *Perelson AS. et al.*의 논문 [171]에서는 치료를 동반하는 표적 세포 수의 증가(즉, $CD4^+T$ 세포 수의 회복)를 고려한 분석도 하고 있다. 하지만, 흥미롭게도 표적 세포의 동역학은 본 임상시험 데이터를 이용한 매개변수 추정에 대해서 큰 영향을 끼치지 않는 다는 것이 보고되었다. 이는 바이러스 입자의 제거율이 충분히 크며 약물 억제율이 어느 정도 높은 것이 원인이라고 예측할 수 있다.

또한, 본 장에서 설명한 바와 같이 항바이러스제에 의해 평형 상태에서의 바이러스 생산량과 바이러스 제거량의 균형을 깨뜨려 바이러스 제거율을 추정하는 방법 외에도 최근 다양한 방법으로 바이러스 제거율을 추정하기 시작했다. 예를 들면 *Igarashi T. et al.*의 논문 [91]이나 *Zhang L. et al.*의 논문 [226]에서는 영장류의 말초혈액 내에 직접 바이러스 입자를 주입하여 혈장 내 바이러스 RNA 양을 분 단위 간격으로 매우 높은 빈도로 측정하는 것으로 생체 내의 바이러스 입자의 제거율을 추정하고 있다. 또한 *RamratnamB. et al.*의 논문 [178]에서는 혈장 흡착법을 이용하여 만성 감염기의 HIV－1 감염자 및 HCV감염자의 바이러스 입자의 제거율을 추정하였다. 이러한 새로운 방법으로 추정된 바이러스 입자의 반감기는 몇 분에서 몇 시간이며 이전의 값과는 100배 정도 다르다. 이것은 항바이러스제를 이용한 임상시험에서는 수 시간 간격으로밖에 바이러스 RNA 양을 측정할 수 없는 것과 데이터 분석에서 약물 억제율이 100%인 것을 가정하고 있는 것이 원인이 되어 실제의 바이러스 입자의 반감기보다도 크게 추정되어 있기 때문이다[12]. 현재는 바이러스 입자의 반감기는 몇 분에서 몇 시 정도인 것으로 알려져 있다. 따라서 1일당 생산되는 바이러스 입자의 생산량 또한 100배 가까이 많아지고 약물 내성 바이러스의 출현 빈도도 동일하게 높아진다고 생각할 수 있다.

이러한 HIV−1 감염 동역학의 분석으로 대부분의(≥99%) HIV−1 입자는 바이러스 생산 세포로부터 방출된 것이며, 만성 감염기의 높은 바이러스 양은 반복해서 일어나는 HIV−1 입자의 $CD4^{+}T$세포로의 신규 감염에 의해 유지된다는 것이 밝혀졌다. 또한, 매우 동적인 HIV−1 복제 주기는 효과적인 항바이러스 치료를 통해 억제할 수 있으며 몇 주 이내에 혈장 내 바이러스 양의 99% 이상을 제거할 수 있는 것을 알아냈다. 하지만, 생체 내에서 HIV−1은 $CD4^{+}T$ 세포 이외에도 대식 세포나 수지상 세포 등의 다양한 면역세포에도 감염하는 것이 알려져 있으며 이러한 바이러스 생산 세포의 감염 동역학에 대해서는 아직 해명되지 않은 점이 많다. 실제로 감염 급성기 및 만성기에서 기타 바이러스 생산 세포가 혈장 내 바이러스 양에 공헌하고 있는 경우는 극히 소량(≤1%)인 것으로 예상되나 항바이러스 치료를 지속적으로 투여한 경우나 치료의 중단을 하게 되었을 경우에는 이러한 세포는 주요한 바이러스 생산 세포가 될 수 있다. 특히, 앞으로는 감염 대식 세포의 사망률이나 프로바이러스 DNA를 포함한 잠복 감염된 세포의

12 예를 들어, *Markowitz M. et al.*의 논문 [134]에서는 기존보다 효과가 높은 항바이러스 치료에서 얻은 임상 데이터를 사용하는 것이 추정한 바이러스 생산 세포의 반감기가 더 짧아진다고 보고하였다.

활성화율을 정량화하는 것이 중요하게 될 것이다. 이러한 정보로부터 HIV-1 감염증의 병태를 깊게 이해하는 것이 가능해질 것이고 향후 바이러스 제거를 위한 항바이러스 치료의 설계로 이어질 것이다.

3.3 병용요법으로 치료한 HIV-1 감염 동역학

침입 억제제는 바이러스가 표적 세포에 흡착하여 바이러스와 세포가 융합하는 것을 방해한다[28]. 또한, 역전사효소 억제제는 감염세포의 HIV−1 역전사 반응을 억제하는 화합물이며[127] 인테그라제 억제제는 역전사된 바이러스 DNA를 표적 세포의 게놈으로 통합되는 것을 방지하는 화합물이다[24, 151]. 그리고 프로테아제 억제제는 바이러스 복제 사이클의 최종단계인 바이러스 단백질의 개열 반응을 억제하는 것으로 자손 바이러스를 비감염성으로 만든다[110]. 이렇듯, 현재는 침입 억제제, 역전사효소 억제제, 인테그라제 억제제, 프로테아제 억제제 등 메커니즘이 다른 여러가지 항바이러스제의 이용이 가능해졌다[176, 182, 200]. 하지만 임상 데이터를 이용하여 정량화한 생체 내의 HIV−1 감염 동역학을 기반으로 약물 내성 바이러스의 출현 빈도를 계산한 결과 항바이러스제를 단일요법으로 사용한 치료에서는 내성 바이러스가 쉽게 출현하며 최종적으로는 이러한 치료는 실패하는 것이 밝혀졌다(전 절 참조). 즉 항바이러스 치료 효과를 지속적으로 하기 위해서는 병용요법이 필요하다는 것이다. 암이나 폐결핵 등의 치료에 응용되고 있는 전략과 동일하게 서로 다른 항바이러스제 여러 개를 사용하여 각각의 단일요법 치료의 약점을 시너지 효과를 통해 극복할 수 있다.

현재 HIV감염증의 HAART로 2가지 혹은 그 이상의 작용 메커니즘을 갖는 항바이러스제를 동시에 복용하여 바이러스 복제 사이클을 다단계적으로 억제하여 장기간에 걸친 강력한 항바이러스 효과를 얻는 것이 가능하다[13]. 1990년대 중반부터 2000년대 초반에 걸쳐 이

13 HAART는 항바이러스제를 통해 신규 바이러스 감염을 억제하고 생체 내에서 다양한 감염세포가 소멸될 때까지 기다리는 치료법이다.

HAART가 서양 국가들을 중심으로 보급되어 AIDS에 의한 사망률은 현저하게 감소하여 환자의 예후가 눈에 띄게 개선되었다. 하지만 대부분의 HIV−1 감염자의 혈장 내 바이러스 RNA 양을 수 개월 이내에 검출 한계치 이하(50 RNA copies/ml)까지 억제할 수 있는 HAART로도 감염자의 생체 내에서 HIV−1을 완전히 제거하는 것은 실현되지 않았다. 예를 들어 HAART로 혈장 내 바이러스 양이 7년간 검출 한계치 이하인 환자에게서도 초고감도의 분석방법을 이용하면 혈장 내 포함되는 극히 적은 HIV−1 RNA 복제가 검출된다[165]. 또한, HAART를 중단한 환자는 빠르게 혈장 내 RNA 양이 치료 전의 값까지 돌아가는 것도 알려져 있다[86]. 이러한 사실은 HIV−1 감염자의 생체 내에는 항바이러스제가 작용하지 않거나 혹은 도달하지 못하는 조직이나 세포, 즉 HAART 하에서도 지속적으로 바이러스 복제를 하고 있는 '바이러스 저장소(virus reservoir)'의 존재를 암시한다[12]. 프로테아제 억제제를 이용한 임상시험 데이터로부터 만성 감염기의 혈장 내 바이러스 RNA 양의 99% 이상은 반감기가 1.30일 이내의 바이러스 생산 세포에 의한 것이 밝혀졌다. 즉, 바이러스 저장소에는 남은 1% 이하의 바이러스 생산을 맡고 있는 감염된 세포군에 존재한다고 생각된다. 다음에서는 *Horiike M. et al.*의 논문 [89]에서 보고된 바이러스 저장고를 발견 하기 위해서 행해진 SIVmac239에 감염된 붉은털원숭이에 의한 HAART 실험을 소개한다. 그리고 실험 데이터를 분석하여 밝혀진 반감기가 긴 바이러스 생산 세포의 감염 동역학에 대해서 설명한다.

만성 감염기의 SIV 감염 붉은털 원숭이에 대한 HAART 실험

*Horiike M. et al.*의 논문 [89]에서는 SIVmac239을 6마리의 붉은털 원숭이에게 2.0×10^3TICD$_{50}$ 만큼 정맥 내에 접종하여 총 수십 개월에 걸쳐 혈장 내 바이러스 RNA 양을 측정했다. 일반적으로 SIV감염 붉은털 원숭이의 혈장 내 바이러스 RNA 양은 감염 후 약 1~2주일에서 피크가 되며 5주일 부근에서 평형상태(세트 포인트)에 도달한다. 또한, 말초혈액 내 CD4$^+$T세포 수는 감염 직후에는 감소하지만 그 후에 조금 회복하며 단기간에 고갈되는 일은 없었다[14]. 또한, 이 6마리의 붉은털 원숭이에게 감염 후 8주부터는 3종류의 역전사효소 억제제와 2종류의 프로테아제 억제제를 포함한 총 5종류의 항바이러스제를 복용 시켰다. 따라서 HAART를 할 때에는 새로운 바이러스 감염은 억제되고 있다고 생각할 수 있다.

이 HAART 실험에서는 치료 시작부터 10주일까지 약 1주일 간격으로 혈장 내 바이러스 RNA 양을 측정하고 있다(표 3.3). 모든 감염 개체에서 동일한 바이러스 RNA 양의 감소 패턴이 확인되었다. 즉, 단일 요법으로 치료할 때도 확인되었던 1주일 간의 급격한 바이러스 RNA 양의 지수적 감쇠(1단계)와 그 후의 수주 간에서 수개월 간 지속되는 완만한 바이러스 RNA의 지수적 감쇠(2단계)가 관측된 것이다. **그림 3.6**의 6개의 얇은 선은 HAART 기간 중 10주일에 걸친 붉은털 원숭이 각각의 혈장 1ml에 포함된 SIVmac239의 RNA 양의 시계열 데이터이다. 그림의 세로 점선은 HAART 시작 시간을 가로 점선은 바이러스 RNA 양의 검출 한계치를 나타낸다. 또한, 검은색 점과 굵은 선

---

14 SIVmac239는 공수용체인 CCR5를 발현하는 CD4$^+$T 세포를 감염시키는 것으로 알려져 있다[75, 136]. 그러나 말초혈액 내 CD4$^+$T 세포에는 CCR5를 발현하는 기억 CD4$^+$T 세포가 많지 않다. 따라서 이 붉은털 원숭이의 SIVmac239 감염 실험에서 말초혈액 내 CD4$^+$T 세포의 급격한 고갈은 관찰되지 않았다.

은 각 측정 시의 바이러스 RNA 양의 평균값을 나타내며 앞으로는 이 평균값을 이용하여 분석을 진행한다.

표 3.3

붉은털 원숭이	치료 경과 시간(일): 바이러스 양						
	-14	-7	0	3.5	7	14	21
MM491	5.82×10^4	1.12×10^5	1.09×10^5	6.48×10^4	1.99×10^3	1.94×10^2	3.15×10^2
MM499	1.57×10^5	4.85×10^5	4.39×10^5	2.37×10^4	2.54×10^3	1.14×10^2	8.77×10^2
MM508	1.87×10^5	1.52×10^5	2.64×10^5	-	5.68×10^3	8.38×10^2	4.49×10^2
MM511	4.97×10^5	3.34×10^5	3.06×10^5	-	2.01×10^3	7.04×10^2	3.68×10^2
MM528	2.09×10^5	7.77×10^5	1.28×10^6	5.99×10^4	9.50×10^3	4.24×10^3	1.22×10^3
MM530	7.99×10^5	4.06×10^6	4.91×10^6	5.42×10^5	6.63×10^4	1.96×10^4	1.30×10^4
평균	3.18×10^5	9.87×10^5	1.22×10^6	1.73×10^5	1.47×10^4	4.45×10^3	2.70×10^3

붉은털 원숭이	치료 경과 시간(일): 바이러스 양						
	28	35	42	49	56	63	70
MM491	1.00×10^2	1.00×10^2	1.00×10^2	2.41×10^2	1.00×10^2	1.00×10^2	1.00×10^2
MM499	2.11×10^2	1.63×10^2	1.00×10^2	1.00×10^2	1.00×10^2	1.00×10^2	1.00×10^2
MM508	1.00×10^2	1.21×10^2	2.54×10^2	1.00×10^2	1.00×10^2	1.00×10^2	1.00×10^2
MM511	1.00×10^2	1.00×10^2	1.95×10^2	1.00×10^2	1.00×10^2	1.00×10^2	3.27×10^2
MM528	6.82×10^2	6.24×10^2	1.94×10^2	3.32×10^2	3.62×10^2	1.00×10^2	1.00×10^2
MM530	3.97×10^3	1.56×10^3	1.27×10^3	8.47×10^2	6.94×10^2	1.00×10^2	4.97×10^2
평균	8.61×10^2	4.45×10^2	3.52×10^2	2.87×10^2	2.43×10^2	1.00×10^2	2.04×10^2

6마리의 만성 감염기 SIVmac239에 감염된 붉은털 원숭이 6마리의 HAART 실험 데이터: 표의 데이터는 혈장 1ml 내 SIV RNA 복사본 수로 표시되어 있다(즉, RNA copies/ml 단위). 데이터는 교토대학교 바이러스연구소에서 영장류 모델 연구를 하고 있는 이가라시 쥬히코 박사로부터 제공받았다.

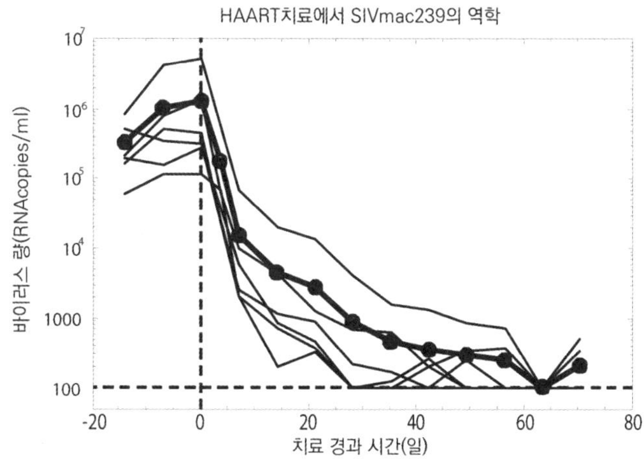

그림 3.6

HAART시 혈장 내 SIV RNA 양의 시계열 동역학: 6개의 가는 선은 각 감염된 붉은털 원숭이의 바이러스 RNA 양의 동역학, 세로 점선은 HAART 시작 시간, 가로 점선은 바이러스 RNA 양의 검출 한계치(100 RNA copies/ml)를 나타낸다. 또한, 검은색 원과 굵은 선은 각 측정 시점의 바이러스 RNA 양의 평균값이다. 데이터는 교토대학교 바이러스연구소에서 영장류 모델 연구를 하고 있는 이가라시 쥬히코 박사로부터 제공받았다.

여기서는 그 데이터를 기재하지 않지만, 본 실험에서의 HAART는 그 뒤에도 수개월 간 계속되었고 모든 감염된 붉은털 원숭이의 혈장 내 바이러스 RNA 양은 치료 시작 후 14주 이내에 검출 한계치 이하까지 내려갔다. 또한, 그 후에 바이러스 양은 수개월에 걸쳐 검출 한계치 이하를 유지했다. 이러한 결과는 HAART의 높은 효력뿐만 아니라, 치료 기간 동안에 약물 내성 바이러스가 출현하지 않았다는 것을 증명한다[163]. 물론, 본 HAART 실험뿐만 아니라 HIV−1 감염자에 대한 HAART에서도 유사한 결과가 도출되고 있다[151, 170].

HAART 실험 데이터의 수학적 모델에 의한 분석

HAART는 수십 개월에 걸쳐 바이러스 RNA 양을 검출 한계치 이하에 머물게 할 정도로 강력하며 치료기간 동안 약물 내성 바이러스의 출현도 확인되지 않았다. 즉, 바이러스 RNA 양이 항상 1단계와 같은 가파른 기울기로 지수적 감쇠를 하지 않고 완만한 기울기의 2단계로 전환한다는 것은 HAART가 실패 하고 있다는 것은 아니고 무언가 다른 생물학적 요인이 관여하고 있다고 생각된다. 실제로, 바이러스 RNA 양 감쇠시의 2단계의 기울기는 감염 대식 세포나 감염 수지상 세포, 프로바이러스 DNA를 포함한 잠복 감염된 세포의 활성화와 같은 이전 절에서의 분석에서는 고려하지 않았던 비교적 수명이 긴 바이러스 생산 세포가 관련이 있을 것으로 추측된다[84, 170, 172]. 만약, 이러한 수명이 긴 바이러스 생산 세포가 만성 감염기의 혈장 내 바이러스 RNA 양의 1%를 생산하고 있다고 생각한다면 수명이 짧은 바이러스 생산 세포 수(즉, 감염 $CD4^{+}T$세포)가 치료 시작 시의 약 1%까지 감소한 시점에서 바이러스 RNA 양의 가파른 기울기는 완만하게 변한다. 또한, 그와 동시에 수명이 긴 바이러스 생산 세포가 그 후의 혈장 중 바이러스 RNA를 생산하는 주요한 바이러스 생산 세포가 된다고 예측할 수 있다. 즉, 바이러스 RNA 양 감쇠시의 2단계의 기울기는 수명이 긴 바이러스 생산 세포의 사망률을 반영하고 있다는 가능성이 있기 때문이다.

여기서는 바이러스 생산 세포로써 수명이 짧은 감염된 세포와 수명이 긴 감염된 세포를 생각한다. 즉, HAART 전에 생체 내의 바이러스 감염 동역학은 기본적인 수학적 모델(2.1)을 개량한 다음과 같은 수학적 모델로 설명할 수 있다.

$$
\begin{aligned}
\frac{dT_1(t)}{dt} &= \lambda_1 - d_1 T_1(t) - \beta_1 T_1(t) V(t) \\
\frac{dT_2(t)}{dt} &= \lambda_2 - d_2 T_2(t) - \beta_2 T_2(t) V(t) \\
\frac{dI_1(t)}{dt} &= \beta_1 T_1(t) V(t) - \delta_1 I_1(t) \\
\frac{dI_2(t)}{dt} &= \beta_2 T_2(t) V(t) - \delta_2 I_2(t) \\
\frac{dV(t)}{dt} &= p_1 I_1(t) + p_2 I_2(t) - c V(t)
\end{aligned}
\tag{3.8}
$$

수학적 모델(3.8)에서 변수 $T_1(t)$, $T_2(t)$, $I_1(t)$, $I_2(t)$, $V(t)$는 각각 시간 t에서의 수명이 짧은 표적 세포 수(CD4$^+$T 세포 수), 수명이 긴 표적 세포 수, 수명이 짧은 바이러스 생산 세포 수(감염 CD4$^+$T 세포 수), 수명이 긴 바이러스 생산 세포 수, 혈장 1ml 내 바이러스 RNA 복제 수로 정의된다. 또한 매개변수 λ_1과 λ_2, d_1과 d_2, β_1과 β_2는 각각 수명이 짧은 표적 세포와 수명이 긴 표적 세포의 공급률, 사망률, 감염율을 나타낸다.

또한, δ_1과 δ_2, p_1과 p_2는 각각 수명이 짧은 바이러스 생산 세포와 수명이 긴 바이러스 생산 세포의 사멸률 및 바이러스 생산율을, c는 바이러스 제거율을 의미한다.

그리고 HAART하의 역전사효소와 프로테아제가 항바이러스제로 인하여 100% 억제받고 있다고 가정하면 수학적 모델(3.8)은 아래와 같은 선형 미분 방정식으로 나타낼 수 있다.

$$
\begin{aligned}
\frac{dI_1(t)}{dt} &= -\delta_1 I_1(t) \\
\frac{dI_2(t)}{dt} &= -\delta_2 I_2(t) \\
\frac{dV_W(t)}{dt} &= -c V_W(t) \\
\frac{dV_{PI}(t)}{dt} &= p_1 I_1(t) + p_2 I_2(t) - c V_{PI}(t)
\end{aligned}
\tag{3.9}
$$

여기서 $V_W(t)$와 $V_{PI}(t)$는 각각 HAART 시작 시에 이미 복제되었던 바이러스 입자의 RNA 양과 HAART 시작 후에 복제된 미성숙 바이러스 입자의 RNA 양을 나타낸다. 따라서 총 바이러스 입자의 RNA 양을 $V(t) = V_W(t) + V_{PI}(t)$라고 하면 HAART 시작 시간 $t = 0$에서 $V_W(0) = V(0)$와 $V_{PI}(0) = 0$이 성립된다. 또한 HAART 시작 전에 생체 내의 SIV 감염 동역학은 평형상태에 도달해 있다고 가정하면(즉, (3.8)에서 미분 방정식의 우변이 $t = 0$에서 0이라고 한다면), HAART하의 혈장 내 바이러스 감염 동역학은 (3.9)의 처음 3개 식을 풀어서 제4식에 대입하여 V_{PI}를 구하면

$$V(t) = V(0)\left[\left(1 - \frac{\frac{p_1\beta_1 T_1(0)}{\delta_1}}{c-\delta_1} - \frac{c - \frac{p_1\beta_1 T_1(0)}{\delta_1}}{c-\delta_2}\right)e^{-ct} + \frac{\frac{p_1\beta_1 T_1(0)}{\delta_1}}{c-\delta_1}e^{-\delta_1 t} + \frac{c - \frac{p_1\beta_1 T_1(0)}{\delta_1}}{c-\delta_2}e^{-\delta_2 t}\right] \quad (3.10)$$

라는 근사식으로 설명할 수 있다[15]. 근사식의 $T_1(0)$와 $V(0)$는 각각 평형상태에서의 수명이 짧은 표적 세포 수와 바이러스 RNA 양을 나타낸다.

감염된 붉은털 원숭이 체내의 SIV 감염 동역학을 정량화하기 위하여 HAART하의 바이러스 RNA 양의 시계열 데이터를 이용하여 근사식(3.10)의 매개변수 δ_1, δ_2 및 복합 매개변수 $p_1\beta_1 T_1(0)/\delta_1$와 초기값 $V(0)$을 추정한다. 본 HAART 실험에서는 '주(week)'의 시간 단위로 바이러스 RNA 양을 측정하고 있기 때문에 '시간(hour)'의 시간 단위

15 근사식(3.10)의 자세한 도출은 *Perelson AS. et al.*의 논문 [171]에 자세히 정리되어 있다.

의 바이러스 제거율을 추정할 수는 없다. 따라서, 여기서는 바이러스 제거율을 $c = 62.1(\mathrm{day}^{-1})$로 고정한다[91]. **그림 3.7**은 최적의 매개변수를 이용하여 근사식(3.10)을 계산한 HAART하의 혈장 내 SIV감염 동역학이다. 굵은 선은 총 바이러스 입자의 동역학, 1점 쇄선은 수명이 짧은 감염된 세포에 복제되었던 바이러스 입자의 동역학, 점선은 수명이 긴 감염된 세포로부터 복제된 바이러스 입자의 동역학을 나타낸다.

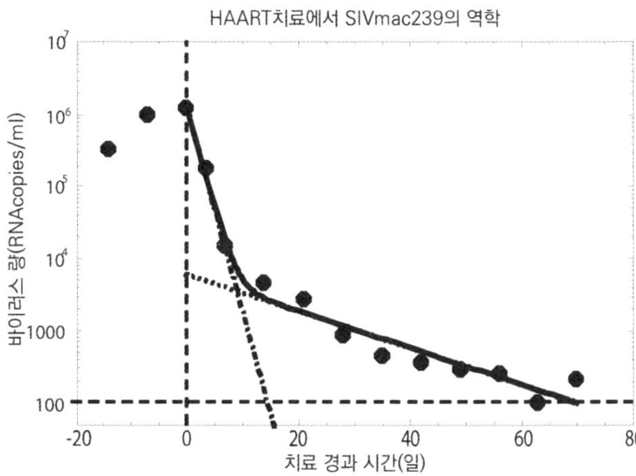

그림 3.7

HAART시 혈장 내 SIV RNA 양 분석: 그림의 굵은 선은 HAART 시작 후 70일 동안 총 바이러스 입자의 동역학을 나타낸다. 1점 쇄선은 수명이 짧은 감염세포에 복제된 바이러스 입자의 동역학, 점선은 수명이 긴 감염세포에 복제된 바이러스 입자의 동역학이다. 비선형 최소제곱법으로 추정한 최적의 매개변수는 $\delta_1 = 0.65(\mathrm{day}^{-1})$, $\delta_2 = 0.059(\mathrm{day}^{-1})$, $p_1\beta_1 T_1(0)/\delta_1 = 61.8$, $V(0) = 1.31 \times 10^6$(RNA copies/ml)이다. 또한 다른 매개변수 $c = 62.1(\mathrm{day}^{-1})$는 고정되어 있다.

만성 감염기의 수명이 긴 바이러스 생산 세포의 감염 동역학

추정된 수명이 짧은 바이러스 생산 세포의 사망률은 $\delta_1 = 0.65$ (day^{-1})이었다. 즉, 만성 감염기의 수명이 짧은 바이러스 생산 세포의 반감기는 1.07일인 것을 의미한다. 또한, 이러한 감염된 세포의 반감기는 전 절의 프로테아제 억제제를 이용한 임상시험 데이터로부터 추정된 값과 거의 같은 값이 되는 것을 알 수 있다. 나아가, 여기서는 전 절 까지의 분석으로는 정량화할 수 없었던 수명이 긴 바이러스 생산 세포의 사망률이 $\delta_2 = 0.059$(day^{-1})라는 것을 추정할 수 있었다 (HAART하에서는 강력한 항바이러스 효과로 인하여, 약물 내성 바이러스를 출현시키지 않고, 장기간에 걸친 혈장 내 바이러스 RNA 양의 시계열 데이터를 측정하는 것이 가능해졌다). 이것은 만성 감염기의 감염된 세포의 반감기가 11.7일인 것을 나타내며, 수명이 짧은 바이러스 생산 세포의 반감기보다 충분히 길다는 것을 알 수 있다. 이처럼 감염된 세포군이 평균 수명이 다른 바이러스 생산 세포로부터 구성되어 있다는 것을 이용해 HAART하의 바이러스 RNA 양의 감쇠가 1단계와 2단계에서 다르다는 현상을 설명할 수 있다.

다음으로 만성 감염기의 혈장 중 바이러스 RNA 양에 대한 수명이 짧은 바이러스 생산 세포와 수명이 긴 바이러스 생산 세포의 생산 기여율을 계산한다. 수학적 모델(3.8)에서 HAART 시작 전 (즉, 평형상태)의 관계에 의해 아래와 같은 관계가 성립한다.

$$\frac{p_2 I_2(0)}{cV(0)} = 1 - \frac{p_1 \beta_1 T(0)/\delta_1}{c} \tag{3.11}$$

여기서 $\frac{p_2 I_2(0)}{cV(0)}$은 만성 감염기의 바이러스 생산에 대한, 수명이 긴 바이러스 생산 세포의 기여율을 나타낸다. **그림 3.7**의 분석으로부터 추정된 매개변수를 이용하면 $\frac{p_2 I_2(0)}{cV(0)} = 0.00483$로 계산할 수 있다. 즉 수명이 짧은 바이러스 생산 세포와 수명이 긴 바이러스 생산 세포는 각각 바이러스 생산에 대하여 99.5 %와 0.48 %씩 기여하고 있는 것이 된다. 또한 *Perelson AS. et al.*의 논문 [170]에서는 HIV−1 감염자의 수명이 긴 감염된 세포의 기여율이 1~7 % 정도라고 계산하고 있다. 이렇듯 논문 [169]에서 보고된 것처럼 만성 감염기의 혈장 내 바이러스 양의 거의 전부가 감염된 $CD4^{+}T$ 세포에 의하여 유지되고 있다는 것을 확인할 수 있으며 실제로 수명이 긴 감염된 세포의 기여율은 극히 미미한 것으로 밝혀졌다.

HAART하에서의 수명이 긴 바이러스 생산 세포의 감염 동역학

만성 감염기의 수명이 긴 감염된 세포의 바이러스 생산 기여율은 불과 1% 이하인 것으로 나타났다. 하지만 HAART가 지속됨에 따라 이러한 감염된 세포는 바이러스 생산에 대한 기여율을 현저히 증가시켜 주요한 바이러스 생산 세포로 되어 가는 것으로 예측된다.

예를 들어 식(3.10)으로부터 HAART 시작 후 바로 혈장 내 바이러스 감염 동역학은

$$V(t) \approx V(0)\left[\frac{\frac{p_1\beta_1 T_1(0)}{\delta_1}}{c-\delta_1}e^{-\delta_1 t} + \frac{c-\frac{p_1\beta_1 T_1(0)}{\delta_1}}{c-\delta_2}e^{-\delta_2 t}\right] \tag{3.12}$$

라는 보다 쉬운 해석해로 근사할 수 있게 된다는 것을 알 수 있다(매개변수가 $c \gg \delta_1$, δ_2라는 관계를 만족시키기 때문이다). 여기서, 근사식 (3.12)에서 제1항과 제2항은 각각 수명이 짧은 바이러스 생산 세포와 수명이 긴 바이러스 생산 세포가 생산하는 바이러스 입자의 RNA 양

을 나타낸다. 따라서 HAART하의 수명이 짧은 감염된 세포의 바이러스 생산에 대한 기여율은

$$\frac{\frac{p_1\beta_1 T_1(0)/\delta_1}{c-\delta_1}e^{-\delta_1 t}}{\frac{p_1\beta_1 T_1(0)/\delta_1}{c-\delta_1}e^{-\delta_1 t}+\frac{c-p_1\beta_1 T_1(0)/\delta_1}{c-\delta_2}e^{-\delta_2 t}} \tag{3.13}$$

로 계산할 수 있다. 또한 수명이 긴 감염된 세포의 바이러스 생산에 대한 기여율은

$$\frac{\frac{c-p_1\beta_1 T_1(0)/\delta_1}{c-\delta_2}e^{-\delta_2 t}}{\frac{p_1\beta_1 T_1(0)/\delta_1}{c-\delta_1}e^{-\delta_1 t}+\frac{c-p_1\beta_1 T_1(0)/\delta_1}{c-\delta_2}e^{-\delta_2 t}} \tag{3.14}$$

로 나타낼 수 있다. **그림 3.8**은 식(3.13)와 (3.14)를 이용하여 계산한 HAART 시작 후 28일간의 각 바이러스 생산 세포의 바이러스 생산에 대한 기여율의 변화이다. 그림의 1점 쇄선은 수명이 짧은 감염된 세포의 바이러스 생산에 대한 기여율, 점선은 수명이 긴 감염된 세포의 바이러스 생산에 대한 기여율을 나타낸다. **그림 3.8**의 1점 쇄선과 점선이 교차하는 시간(HAART 개시 후 약 9일)을 경계로, **그림 3.7**에서 보이는 바이러스 RNA 양의 감쇠가 1단계로부터 2단계로 전환된다. 즉, 수명이 긴 감염된 세포가 수명이 짧은 감염된 세포의 바이러스 생산에 대한 기여율을 넘어서서 주요한 바이러스 생산 세포가 되어간다는 것이다. HAART 시작 약 14일 이후는 거의 대부분의 혈장 내 바이러스 양이 수명이 긴 감염된 세포로 인하여 유지되고 있다는 것을 알 수 있다[16]. 이렇듯, 각각의 바이러스 생산 세포의 평균 수명이 HAART하의

혈장 내 바이러스 감염 동역학을 결정짓는 중요한 요인이 된다.

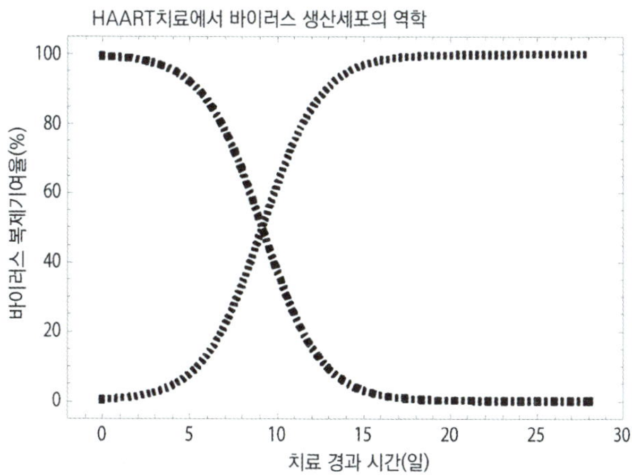

그림 3.8

HAART시 바이러스 생성 기여율 분석: 그림의 1점 쇄선은 HAART 시작 후 28일 동안 수명이 짧은 감염세포의 바이러스 생성 기여율, 점선은 수명이 긴 감염세포의 바이러스 생성 기여율을 나타낸다. 최적의 매개변수는 $\delta_1 = 0.65(\mathrm{day}^{-1})$, $\delta_2 = 0.059(\mathrm{day}^{-1})$, $p_1\beta_1 T_1(0)/\delta_1 = 61.8$이다.[그림 3.7] 또한 다른 매개변수 $c = 62.1(\mathrm{day}^{-1})$는 고정되어 있다.

16 바이러스 RNA 양 감쇠시 2단계를 유지하는 주요 바이러스 생산 세포가 감염된 대식세포라는 유력한 가설이 있으나, 그 근거가 되는 관찰적 증거는 아직 확보되지 않았다.

정리

HIV−1 감염자에 대하여 HAART를 실시한 경우, 가파른 기울기의 1단계에서는 혈장 내 바이러스 양은 2주일 정도로 약 1/100에서 1/1000배의 값까지 감소한다. 그리고 그 후에 이어지는 완만한 기울기의 2단계에서는 혈장 내 바이러스 양은 2~3개월로 검출 한계치 이하까지 도달한다. 이러한 HAART 기간 중 바이러스 양의 감쇠가 1단계와 2단계가 다른 현상은 감염된 세포군이 서로 수명이 다른 바이러스 생성 세포로부터 구성되어 있기 때문이라는 가설로 설명할 수 있었다. *Horiike M. et al.*의 논문 [89]에서는 SIVmac239에 감염된 붉은털 원숭이를 이용하여 HAART 실험하의 혈장 내 바이러스 RNA 양의 시계열 데이터로부터 만성 감염기의 수명이 짧은 바이러스 생산 세포와 수명이 긴 바이러스 생산 세포의 반감기가 각각 1.07일과 11.7일인 것을 알 수 있었다. 또한, 각각의 감염된 세포는 만성 감염기의 바이러스 생산에 대하여 99.5%와 0.48%씩 기여하고 있다는 계산이 되었다. HAART가 진행됨에 따라 수명이 긴 바이러스 생산 세포는 바이러스 생산에 대한 기여율을 증가시켜 나간다는 것도 확인 되었다.

본 절에서는 수명이 긴 바이러스 생산 세포를 고려한 수학적 모델 (3.8)만을 이용하여 실험 데이터를 분석하였지만, 잠복 감염된 세포의 활성화를 고려한 수학적 모델이나 수지상 세포에 얽힌 바이러스 입자의 방출을 고려한 수학적 모델을 이용하여도 동일한 실험 데이터를 설명할 수 있다[84, 170, 171]. 즉, 수학적 모델로 인한 분석만으로는 바이러스 RNA 양 감쇠시의 2단계의 기울기가 어떤 세포에 유래하는지를 구별하는 것은 어렵다. 하지만, 예를 들어 *Perelson AS. et al.*의 논문 [170]에서는 HAART 중인 HIV−1 감염자의 PBMC 내 바이러스 생성 세포와 잠복 감염된 세포의 합계 수를 측정한 추가 데이터를 이용한 분석으로부터 잠복 감염된 세포의 활성화는 바이러스 RNA 양 감쇠시의 2단계를 유지하는 주요한 바이러스 생산 세포가 되지 않는 것을 나타내고 있다. 또한, 그들은 HAART가 100% 효과적이라고 가정 했을 때, 수명이 긴 바이러스 생산 세포와 잠복 감염된 세포는 약 2~3년 내에 생체 내에서 소멸될 것으로 추정했다[17].

현재의 HAART로는 완전히 새로운 바이러스 감염을 억제하는 것은 불가능하다. 또한 뇌나 고환과 같이 약물이 도달하지 않는 조직이 존재하고 일시적인 약물 내성 바이러스의 출현이나 생체 내의 약물 농도의 저하에 의한 '블립(blip)'이라 불리는 일시성의 바이러스 양 증가가 관측되는 등 다양한 문제가 지적되고 있다[200]. 또한, HAART로 인해 3~4년 정도의 장기간에 걸쳐 혈장 내 바이러스 양을 낮게 억제하고 있던 HIV－1 감염자로부터 복제능력을 가진 바이러스 입자가 분리되었다는 보고도 있다[61]. 실제로 SIVmac239에 감염된 붉은털 원숭이를 이용한 HAART 실험이나 일반 HIV－1 감염자에 대한 HAART에서는 바이러스 RNA 양의 검출 한계치가 100 RNA copies/ml 전후이기 때문에 바이러스 RNA 양의 감쇠를 2단계까지만 확인할 수 있다[51, 170, 151]. 하지만 초고감도의 분석방법을 이용하면 혈장 내에 포함되어 있는 극소량의 HIV－1 RNA 복제를 검출할 수 있다. 이러한 방법을 이용하여 바이러스 RNA 양 감쇠의 3단계, 4단계의 존재가 확인되어 더욱 수명이 긴 감염된 세포(휴면기의 기억$CD4^+$T세포 등)이 바이러스 저장소가 되어 있다는 가능성도 제시되고 있다[165, 204].

이처럼 HIV－1 감염자의 생체 내에는 감염성이 있는 새로운 바이러스 입자를 복제할 능력을 가진 감염된 세포가 장기간이나 심지어는 평

---

17 이러한 감염세포의 제거하기 위한 필요한 시간을 추정한 결과, '약 2~3년의 HAART로 HIV－1 감염인의 생체 내에서 바이러스를 박멸할 수 있다'는 분석이 나오기도 했지만, 이 '박멸 가설'은 곧 잘못된 것임이 밝혀졌다.

생에 걸쳐 계속 존재할 것으로 생각된다. 따라서, HAART로 생체 내에서 HIV-1을 박멸하거나 새로운 치료 방법을 개발하기 위해서는 특히 바이러스 저장소가 될 수 있는 감염된 세포를 찾아내어 이를 효율적으로 제거할 필요가 있다. 바이러스 저장소를 탐색하고 감염자 생체 내에서 HIV-1을 박멸할 수 있는 치료법을 확립하기 위해서는 말초혈액 등 인간의 임상 검체로도 지견을 얻을 수는 있지만 영장류를 이용한 개체 레벨의 분석이 매우 중요한 수단이 된다. 예를 들어, 여기서 소개한 감염된 붉은털 원숭이를 이용한 HAART 실험에서는 말초혈액의 분석으로 그치지 않고 림프 조직이나 폐 조직을 이용한 전신 분석을 할 수 있으며 의도적인 치료중단[18] 및 다양한 약물 투여 계획 등 임상시험에서는 할 수 없는 항바이러스 치료의 세부적인 분석이 가능하였다[51, 92]. 물론, 인간과 붉은털 원숭이 HIV-1와 SIV 간에는 약간의 차이는 있지만 이러한 연구를 통하여 얻을 수 있는 경험 · 기술 · 정보는 보다 강력한 HIV-1치료를 개발하기 위해 큰 도움이 될 것으로 생각된다.

18 HIV-1 감염인의 HAART에서 계획적으로 약물 투여를 중단하는 '계획적 치료 중단 요법'은 항 HIV-1 면역반응을 증가시키고, 약물 부작용을 감소시키는 등의 효과가 있다[2]. 그러나 현재 이러한 치료법은 권장되지 않고 있다.

칼럼

원숭이 면역결핍 바이러스(SIV)

교토 대학교 바이러스 연구소: 이가라시 타츠히코

인간 바이러스 질환의 연구에서는 동물을 이용한 감염 모델 시스템을 제작하고, 그 모델 시스템을 이용하여 왜 바이러스에 감염되면 병에 걸리는지, 어떻게 치료할 수 있는지, 또는 어떻게 감염을 막을 수 있는지를 조사한다. 하지만 에이즈의 병원 바이러스인 HIV－1이 1983년에 발견되고 얼마 지나지 않아 이 바이러스에 감염성이 있는 동물이 한정되어 있다는 (인간 외에는 침팬지뿐) 것이 밝혀졌다. 심지어, 침팬지조차 극히 일부의 사례를 제외하고는 에이즈가 발병하지 않는다. 그리고 침팬지는 의학 연구 이용의 윤리적 반대론으로 인해 현재는 침팬지를 이용한 연구는 행해지지 않는다. 즉, 에이즈의 동물 모델 제작은 몹시 어려운 상황이 되었다.

1970년대에 미국의 영장류 센터에서는 사육중인 붉은털 원숭이(마카쿠종에 분류된다)에 악성 림프종이나 항산균증과 같은 면역결핍증이 발생하였다. 1981년의 에이즈 발견으로 인하여 이러한 원숭이의 질환이 에이즈로 인식되었다. 바이러스가 분리되어 염기서열을 결정한 결과 HIV－1과 매우 흡사한 유전자 구성을 가진 렌티바이러스임이 밝혀졌다[39]. 이것이 SIVmac이라고 불리는 바이러스군의 처음 발견이었다(그림 3.9). 그 후의 연구로 아프리카의 30종 이상의 원숭이로부터 HIV－1과 흡사한 렌티바이러스가 발견되었으나[30], 야생의 마카쿠속 원숭이(아시아에 분포)로부터는 바이러스가 전혀 분리가 되지 않았다[65, 128]. SIVmac에 계통학적으로 가장 가까운 것이 서아프리카에 사는 스티만가베이가 갖는 SIVsmm이었다.[83] 미국의 영장류 센터에서 1970대에 Kuru(파푸아뉴기니의 풍토병, 프리온에 의한 병) 연구를 위

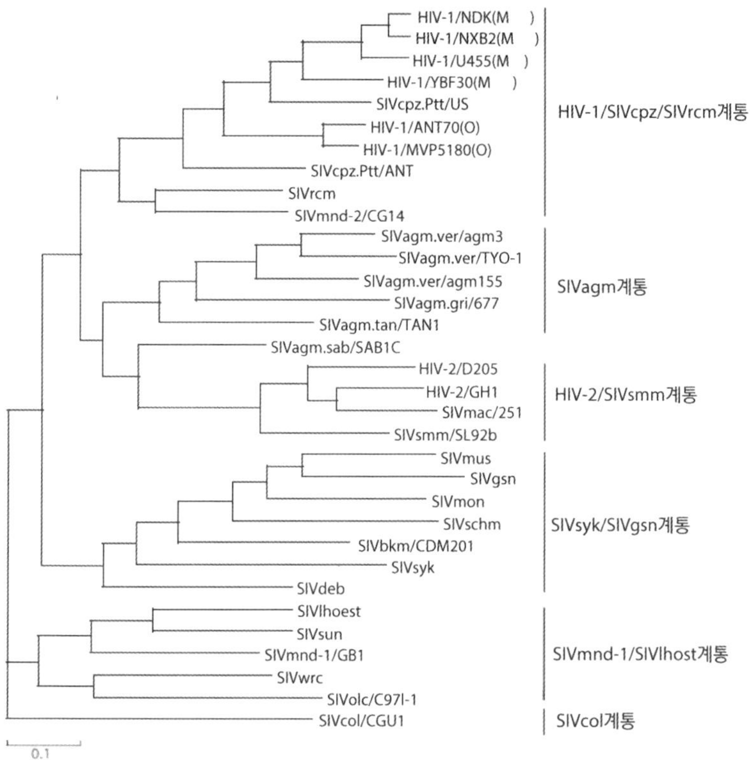

그림 3.9

영장류 렌치바이러스의 분자계통수: SIVsmm은 서아프리카에 서식하는 스티만가베이에서 분리된 SIV이며, 지역에 따라 야생 스티만가베이의 20~30%가 SIVsmm에 자연 감염되어 있다. 아시아 붉은털 원숭이에서는 자연감염 사례가 전혀 없는 것으로 보아, 미국 영장류센터의 붉은털 원숭이로부터 분리된 SIVmac은 SIVsmm이 사육 중 종간 감염된 것으로 추정되고 있다.

해 스티만가베이에 Kuru 환자 유래의 조직을 접종하고 동물 모델 제작을 시도하였지만 동물계대 중간부터 동물계대 과정에서 붉은털 원숭이에게 병원성을 획득한 것으로 생각된다.

SIVmac을 붉은털 원숭이에 접종하면 1~2년 내에 인간의 에이즈와 유사한 임상 증상(면역결핍의 징후인 기회감염이나 종양)을 일으킨다[48]. HIV−1이 에이즈의 병원체라고 하는 가설은 HIV−1 발견 당시에는 넓게 받아들여지지 않았었지만 원숭이로부터 분리된 HIV−1과 가까운 바이러스가 원숭이에게 에이즈를 발병시킨 것은 이 가설을 강력하게 지지했다[67]. SIV/마카쿠 원숭이 모델로부터 알 수 있는 병리 및 현재 알려진 범위의 병태 발현 메커니즘은 HIV−1 감염증의 것과 유사하기 때문에 이 동물 모델은 바이러스 복제, 병원성, 백신 개발 등 매우 광범위한 영역에서 사용되고 있다.

연습문제

해석해 도출과 관련된 문제

식(3.4)에서 $c \neq \delta$로 다음 질문에 답하여라.

문제 3.1

(1) (3.4)식의 제2식에서 조건 $V_W(0) = V(0)$에 유의하여 해 $V_W(t)$를 구하여라.

(2) $\beta T(0)V(0) = \delta I(0)$에 유의하여 (1)에서 구한 해 $V_W(t)$를 (3.4)식의 제1식에 대입하여 해 $I(t)$를 구하여라.

(3) (2)에서 구한 해 $I(t)$를 (3.4)식의 제3식에 대입하여 해 $V_{PI}(t)$를 구하여라. 단, $pI(0) = cV(0)$ 및 $V_{PI}(0) = 0$임을 유의한다.

(4) 이상으로부터 $V(t) = V_W(t) + V_{PI}(t)$가 (3.5) 식으로 주어짐을 확인하여라.

문제 3.2

$V_W(0) = V(0)$, $V_{PI}(0) = 0$, $V(t) = V_W(t) + V_{PI}(t)$에 유의하여 (3.10)을 확인하여라.

이항분포와 관련된 문제

$0 \leq u \leq 1$을 만족하는 u와 자연수 n에 대하여 확률변수 X가 자연수 $m(m = 0, 1, 2, \cdots, n)$이 될 확률이

$$P(X=m)=\binom{n}{m}u^m(1-u)^{n-m}$$

를 만족할 때, 확률변수 X는 매개변수 $(n,\ u)$의 이항분포 $B(n,\ u)$를 따른다는 것이다. 여기서

$$\binom{n}{m}={}_nC_m=\frac{n!}{m!(n-m)!}$$

는 n개에서 m개를 선택하는 조합수이며 이항 계수를 나타낸다. 이항분포 $B(n,\ u)$에서 n이 크고 u가 충분히 작으며 $nu=\lambda$가 일정할 때 $n\to\infty$ 이면 $B(n,\ u)$는 포아송분포이다.

$$P(X=m)=\frac{\lambda^m e^{-\lambda}}{m!}(m=0,\ 1,\ 2,\ \cdots)$$

에 따른다. 이를 포아송의 극한정리라고 한다.

문제 3.3

(1) 동전을 10번 던졌을 때 모두 앞면이 나올 확률을 구하여라.

(2) 동전을 10번 던졌을 때 적어도 한번 뒷면이 나올 확률을 구하여라.

(3) 확률변수 X가 이항분포 $B(n,\ u)$를 따를 때 기댓값 $E(X)=\sum_{m=0}^{n} mP(X=m)=nu$, 분산 $Var(X)=E(X^2)-\{E(X)\}^2=nu(1-u)$가 됨을 나태내라.

문제 3.4

(1) 포아송 분포의 기댓값과 분산은 $E(X)=\lambda$, $Var(x)=\lambda$가 됨을 나타내라.

(2) 포아송의 극한정리

$$\lim_{n\to\infty}\binom{n}{m}u^{m}(1-u)^{n-m}=\frac{\lambda^{m}e^{-\lambda}}{m!}$$

를 나타내라. 단, $u=\lambda/n$으로부터

$$\binom{n}{m}u^{m}(1-u)^{n-m}=\frac{n!}{(n-m)!m!}\left(\frac{\lambda}{n}\right)^{m}\left(1-\frac{\lambda}{n}\right)^{n-m}$$

$$=\underbrace{\left(\frac{n}{n}\right)\left(\frac{n-1}{n}\right)\left(\frac{n-2}{n}\right)\cdots\left(\frac{n-m+1}{n}\right)}_{①}\underbrace{\left(\frac{\lambda^{m}}{m!}\right)}_{②}\underbrace{\left(1-\frac{\lambda}{n}\right)^{n}}_{③}\underbrace{\left(1-\frac{\lambda}{n}\right)^{-m}}_{④}$$

를 만족한다. 이때 $n\to\infty$이면 ① → 1, ③ → $e^{-\lambda}$, ④ → 1임을 주목한다.

CHAPTER

04

항 HCV 치료의 수학적 모델

이 장에서는 항 HCV 치료를 시행할 때 바이러스 감염 역학의 정량화에 대한 연구를 소개한다. 항 HIV 치료와 마찬가지로 치료 중인 감염환자의 혈장 내 바이러스 RNA 양의 임상 데이터를 이용한다. 먼저, 인터페론-α (interferon: IFN-α)를 이용한 항 HCV 단일치료의 임상 데이터를 분석하는 수학적 모델 및 이를 통해 밝혀진 HCV의 감염 역학에 대해 개괄적으로 설명한다. 다음으로 IFN-α와 리바비린을 함께 병용한 항 HCV 병용요법 치료의 임상 데이터를 분석하는 수학적 모델도 소개하며 현재까지 밝혀진 HCV의 감염 역학에 대해 논의한다. 본 장에서는 IFN-α와 리바비린에 의한 항 HCV 치료를 중점적으로 소개하지만 현재 항 HCV 약물에 대해 항 HIV 약물과 마찬가지로 수많은 신약이 개발되고 있다. 다른 항 HCV 약물을 이용한 치료에 관해서는 최신 문헌을 참조하기 바란다.

HCV는 1989년에 카이론 그룹에 의해 오랫동안 알려지지 않았던 비A형, 비B형 바이러스성 간염의 원인으로 확인됐다. 현재 전세계적으로 약 1억 7천만 명(지구 상 인구의 약 3%) 일본에서는 약 100만 명이 HCV에 감염된 것으로 추정된다. HCV에 감염되면 급성 간염을 거쳐 바이러스가 제거되어 치유되는 경우도 있지만 약 70%가 HCV의 만성 감염 상태가 된다. 또한, 약 60%가 간경변증이 나타나며 이후에는 연간 7-8%가 간세포암으로 발전하는 경우가 보고되고 있어 공중보건상 가장 주시해야 할 바이러스 감염증의 하나로 여겨지고 있다[156, 207].

이러한 C형 간염의 치료에 있어 가장 빨리 일반 임상에 등장하여 효과가 입증된 항 HCV 약물은 인터페론-α(IFN-α)였다. 이후 보다 안정적인 IFN-α의 혈중 농도를 유지하기 위해 페그 (PEG)라는 물질을 IFN에 결합시킨 PEG-IFN이 개발되었고 기존의 IFN-α(혹은 PEG-IFN) 단일 투여와 더불어 리바비린이라는 항 HCV 약물과의 병용요법 등도 시행되어 왔다. IFN-α 단일요법의 유효율(투여 종료 24주 후 HCV-RNA 음성률)은 평균적으로 약 30% 정도이지만 리바비린과 병용요법에서는 약 40-50%의 유효율을 보인다[52, 156]. 이후 HCV 유전자형에 따른 치료 기간의 최적화, 리바비린과의 병용을 통한 치료 효과의 대폭적인 향상, PEG-IFN의 도입으로 치료에 대한 복약 순응도 개선 등을 거쳐 PEG-IFN과 리바비린의 병용이 표준 치료법으로 자리잡았다. 또한, PEG-IFN과 리바비린 병용요법의 치료 효과와 관련된 바이러스 인자, 숙주 인자, 치료 인자가 밝혀지면서 획일적인 치료에서 환자 개개인에게 치료를 개별화하여 치료 효과를 최대로 최적화하는 시대로 접어들고 있다[205, 207]. 현재 이 외에도 프로테아제 억제제, 중합효소 억제제 등 바이러스 인자를 직접 표적으로 하는 신약이 허가 또는 승인 신청 중으로 추가적인 치료 효과의 개선이 기대되고 있다.

본 절에서는 IFN-α 단일치료법 및 리바비린과의 병용치료의 바이러스 감염 동역학을 설명하는 수학적 모델을 이용하여 임상시험 데이터를 분석하고 특히 IFN-α가 어떻게 HCV의 복제 사이클에 작용을 하고 리바비린이 어떻게 IFN-α 치료에 의한 항바이러스 효과를 개선하는가를 의논한다. 또한, 항 HCV치료에 대해서는 총설 [29, 207]에 항 HCV치료의 바이러스 감염 동역학 정량화에 관한 연구는 총설 [38, 184]에 자세하게 정리 되어있다.

4.1 단일요법으로 치료한 HCV 감염 동역학

IFN-α는 1957년에 발견된 항바이러스 활성을 나타내는 생체 내 분자로, 사이토카인의 일종이다. 이후 항바이러스 활성뿐만 아니라 세포 증식 억제, 면역계 및 염증 조절 등 다양한 생물학적 활성이 있음이 밝혀지면서 IFN-α에 대한 약물로서의 개발이 급속히 진행되었다. 1990년대 초반에는 C형 간염에 대해서도 IFN-α를 투여하여 혈청 간 기능 검사(알라닌 아미노 전이효소: ALT) 수치가 빠르게 개선되는 사례가 있었다. 또한, 혈청 ALT 수치가 개선되는 사례들에서 IFN-α가 바이러스 혈증을 개선시키는 치료 효과를 보였다[207]. 그러나 당시 IFN-α의 단일요법 치료의 유효율은 10~30% 정도에 불과했고 HCV의 감염 역학이나 IFN-α의 HCV 복제 주기에 대한 작용 기전 등에 대해 이해가 부족하였다.

HIV 감염 경우와 마찬가지로 항바이러스 치료시 바이러스 RNA 양의 시계열 데이터를 수학적 모델을 이용하여 분석함으로써 HCV 감염 환자에게서 IFN-α의 단일 치료시 관찰되는 바이러스 RNA 양의 다양한 감쇠 패턴을 일관성 있게 설명할 수 있게 되었고, 바이러스 재생율과 제거율, 감염된 세포의 반감기, IFN-α의 작용 기전에 대한 매우 유용한 정보를 얻을 수 있을 것으로 기대되었다. 예를 들어, IFN-α 투여 후 전형적으로 약 8~9시간의 지연을 거쳐 혈장 내 바이러스 RNA 양이 다단계적으로 감쇠하는 것이 관찰되고 있다[38, 35, 156, 184]. 바이러스 RNA 양 감쇠시 1단계는 매우 가파른 기울기로 IFN-α 투여 후 보통 약 24~48시간 이내에 발생하며 이러한 기울기는 IFN-α의 용량과 상관관계를 가진다. 한편, 바이러스 RNA 양 감쇠시 2단계는 HCV 감염환자 내에서도 상당한 차이가 있으며 그 기울기는 완만하게 나타난다. *Neumann AU. et al.*의 논문 [156]에서는 이러한 단독 치료를 받은 만성 감염 HCV 감염환자의 임상 데이터를 이용하여 HCV의 생체 내 감염 역학이 세계 최초로 정량화되었다. 그리고 HIV−1과 마찬가지로 HCV 감염환자의 바이러스 감염도 매우 역동적인 것으로 나타났으며 IFN−α의 HCV 복제주기에 대한 작용 기전까지 예측하였다. 아래에서는 논문 [156]에 보고된 HCV 감염환자에 대한 IFN−α를 이용한 임상시험과 그 분석을 통해 정량화된 생체 내 HCV 감염 역학에 대해 개괄적으로 설명하고자 한다.

만성 감염기의 HCV 감염자에 대한 IFN−α 단일요법으로의 치료

IFN−α은 바이러스 복제를 억제하는 약물이지만 직접적으로 바이러스를 파괴하는 것은 아니다. 간세포의 표면에 있는 IFN−α 수용체에 IFN−α가 결합하여 세포 내에서 바이러스 분해를 촉진하는 효소를 유도한다. 그리고 바이러스 증식에 필수적인 단백질의 생성을 억제함으로써 감염된 간세포의 바이러스 복제율을 감소시킨다고 알려져 있다 [37, 66, 72, 184]. 이러한 HCV에 대한 IFN−α의 작용 메커니즘은 현재까지도 완벽히 밝혀진 것은 아니지만 IFN−α가 일반 임상에 등장할 당시에는 그 작용 기전이 거의 알려지지 않은 상태에서 치료 효과가 있다는 것과 항바이러스 효과가 있다는 것이 밝혀지면서 C형 간염의 치료제로 사용되어 왔다.

*Neumann AU. et al.*의 논문 [156]에서는 23명의 1형 HCV감염자에 대하여 IFN−α투여량을 1일당 각각 5mlU + 5mlU, 5mlU + 10mlU, 5mlU + 15mlU로 14일간의 약물 투여 계획을 무작위로 진행하였다. 그리고 각 환자로부터 투여 시작 후 2일 동안은 몇시간 간격으로 그 후에는 12일간은 약 1일 간격이라는 고빈도의 혈장 내 바이러스 RNA 양을 측정하여 IFN−α 단일요법 치료할 때의 바이러스 RNA 양의 시계열 데이터를 수집했다. 치료 전의 혈장 내 바이러스 RNA 양은 평균 11×

$10^6 \pm 18 \times 10^6$(RNA copies/ml)이며 서로 다른 투여 계획군 간의 유의차는 없었다. 모든 환자에서 IFN$-\alpha$ 투여 시작 후 약 8.7 ± 2.3 시간의 지연(이 사이의 바이러스 RNA 양은 치료 시작 전과 거의 비슷한 값을 유지)을 거쳐 약 2일간에 혈장 중 바이러스 RNA 양의 현저한 감소가 관찰되었다. 이후 14일째까지 관찰되는 바이러스 RNA 양의 감쇠율은 비교적 완만해지기는 하지만 IFN$-\alpha$는 매우 강력한 항 HCV작용이 있는 것이 밝혀졌다. 표 4.1은 *Neumann AU. et al.*의 논문 [156]에서 보고된 IFN$-\alpha$의 투여량이 1일당 각각 5mlU+5mlU, 5mlU +10mlU, 5mlU + 15mlU인 전형적인 각 환자 1−H, 2−D, 3−D의 혈장 1ml 내 HCV RNA 복제 수이다[1]. 그림 4.1의 ○, □, △ 은 각각

표 4.1

환자	치료 경과 시간(일): 바이러스 양								
	0	0.087	0.166	0.999	0.421	0.587	0.794	1	1.2
1−H	3.85×10^6	4.02×10^6	4.38×10^6	4.38×10^6	4.99×10^6	2.09×10^6	1.24×10^6	1.00×10^6	1.24×10^6
2−D	9.42×10^5	8.62×10^5	9.42×10^5	1.35×10^6	8.24×10^5	8.49×10^4	1.81×10^5	7.77×10^4	3.64×10^4
3−D	3.66×10^5	4.39×10^5	-	4.39×10^5	5.86×10^5	3.71×10^4	1.71×10^4	9.85×10^3	6.52×10^3

환자	치료 경과 시간(일): 바이러스 양								
	1.4	2	3	4	5	7	9	11	
1−H	8.40×10^5	1.14×10^6	1.61×10^6	7.90×10^5	-	1.21×10^6	1.55×10^6	8.14×10^5	
2−D	7.43×10^4	7.11×10^4	3.99×10^4	2.79×10^4	2.97×10^4	1.74×10^4	1.47×10^4	-	
3−D	4.96×10^3	1.44×10^3	1.97×10^3	-	5.19×10^2	4.88×10^2	1.00×10^2	-	

3명의 만성 HCV 감염환자에서 다양한 용량의 IFN$-\alpha$ 단일요법의 임상 데이터: 표의 데이터는 혈장 1ml 내 HCV RNA 양으로(RNA copies/ml 단위) 표시되어 있다. 데이터는 *Neumann AU. et al.*의 논문 [156]의 그림 1에서 저자들이 추출 및 수정한 값이다.

1 표 4.1의 수치는 논문 [156]의 그림 1에서 필자들이 추출한 값을 수정한 것이다. 따라서 논문 [156]에서 사용된 실제 수치와는 다소 차이가 있을 수 있다는 점에 유의해야 한다.

환자 1−H, 2−D, 3−D의 IFN−α 투여 후 (a) 2일간 및 (b) 14일간에 측정된 혈장 1ml 내 바이러스 RNA 양의 시계열 데이터이다. 이후에는 2일간 및 14일간의 바이러스 RNA 양을 이용하여 분석을 한다.

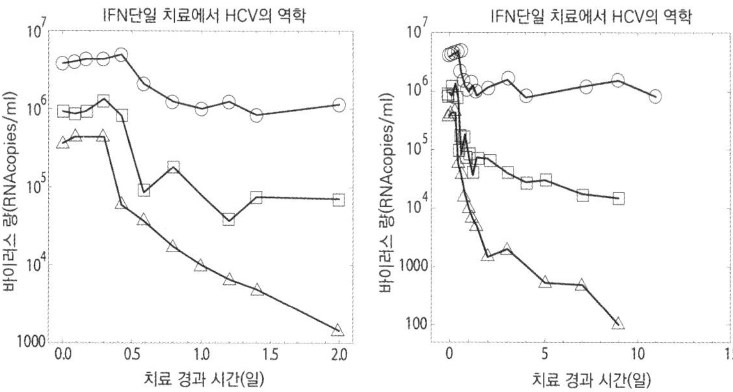

그림 4.1

다양한 용량의 IFN−α 단일치료시 혈장 내 HCV RNA의 시간적 변화 추이: IFN−α 용량을 각각 5mlU + 5mlU, 5mlU + 10mlU, 5mlU + 15mlU로 투여한 환자 1−H (○ 표시), 2−D (□ 표시), 3−D (△ 표시)는 23명의 HCV 감염환자에 대한 IFN−α 단일요법 치료의 예이다. 그림 (a)는 IFN−α 투여 시작 후 2일간의 HCV 동태를, 그림 (b)는 IFN−α 투여 시작 후 14일간의 HCV 동태를 나타낸다. 데이터는 *Neumann AU. et al.*의 논문 [156]의 그림 1에서 저자들이 추출 및 수정한 값이다.

수학적 모델에 의한 IFN−α 작용 메커니즘의 예측

침입 억제제, 역전사효소 억제제, 인테그라제 억제제, 프로테아제 억제제와는 다르게 당시에는 IFN−α을 이용한 C형 간염의 치료에서 HCV 복제 사이클을 어떻게 억제하고 있는지 알려지지 않았었다. *Neumann AU. et al.*은 논문 [156]에서 IFN−α 단일요법 치료에서의 혈장 내 바이러스 RNA 양이 다층적으로 감쇠하는 시계열 데이터를 수학적 모델을 이용하여 분석함으로써 IFN−α가 바이러스의 신규 감염을 억제하는 것보다 오히려 감염된 간세포의 바이러스 생산을 억제하고 있는 가능성이 시사됐다. 그리고 HCV 레플리콘 시스템을 이용하여[2] IFN$-\alpha$가 투여량에 따라 바이러스 생산을 억제할 수 있는 것이 밝혀지면서 수학적 모델로부터 도출된 가설이 틀림 없음이 밝혀졌다 [66, 72]. 다음에서는 논문 [156]에서 개발된 수학적 모델을 이용한 가설을 설명한다.

IFN$-\alpha$ 투여 전에 생체 내의 HCV감염 동역학은 기본적인 수학적 모델(2.1)을 이용하여 설명할 수 있다. 여기서 $T(t)$와 $I(t)$는 각각 비감염된 간세포 수와 바이러스를 생산하는 감염 간 세포 수 $V(t)$는 혈장 1ml 내 HCV RNA 복제수를 나타낸다. 한편, IFN$-\alpha$ 투여 중은 신규 감염 및 감염된 간세포의 바이러스 생산이 억제되는 것으로 인하여 IFN$-\alpha$ 단일요법 치료하의 수학적 모델은 다음과 같다.

$$\begin{aligned} \frac{dT(t)}{dt} &= \lambda - dT(t) - (1-\eta)\beta T(t)V(t) \\ \frac{dI(t)}{dt} &= (1-\eta)\beta T(t)V(t) - \delta I(t) \qquad (4.1) \\ \frac{dV(t)}{dt} &= (1-\epsilon)pI(t) - cV(t) \end{aligned}$$

수학적 모델(4.1)에서 매개변수 η와 ϵ은 각각 IFN$-\alpha$에 의한 바이러스의 신규 감염 억제율과 감염된 간세포의 바이러스 생산 억제율을

2 HCV 레플리콘 시스템은 인간 간암 세포주 Huh$-$7 세포 내에서 HCV 유전자가 자생적으로 복제되는 세포주이다. 레플리콘 복제 세포에서는 HCV 레플리콘 RNA가 매우 높은 수준으로 복제되기 때문에 복제되는 RNA와 발현되는 HCV 단백질을 지속적으로 안정적으로 검출할 수 있다 [108, 126]. 그러나 HCV 레플리콘 시스템은 HCV 입자를 생산하지 않는 바이러스 복제에 특화된 시스템이기 때문에 바이러스 복제 메커니즘 분석이나 항 HCV 약물 스크리닝 등에 활용되고 있다.

나타낸다[3]. 또한, 수학적 모델(4.1)에서는 HCV감염에 일어나는 면역반응을 수식으로 설명하지 않지만 이러한 영향은 감염된 간세포의 사망률 δ 및 바이러스 입자의 제거율 c에 포함된다고 생각할 수 있다.

IFN$-\alpha$의 HCV 복제 사이클에 대한 작용 메커니즘을 예측하기 위해서 다음과 같은 2가지 상황을 고려한다. 우선, IFN$-\alpha$가 바이러스의 신규 감염만을 억제한다(즉 $\eta > 0$, $\epsilon = 0$)고 가정을 하면 **그림 4.2** (a)와 같이 HCV의 생산과 제거의 밸런스는 감염된 간세포가 감소하기 시작할 때까지 IFN$-\alpha$투여 전과 동일하게 유지된다. 즉, 바이러스의 신규감염을 억제한다는 작용에서는 바이러스 RNA 양 감쇠의 1단계가 매우 완만한 기울기가 되기 때문에 IFN$-\alpha$ 단일요법 치료하의 2일째까지 관측되는 투여량에 따른 가파른 기울기를 설명하지 못할 뿐더러 그 후의 2주일째까지 관측되는 비교적 완만한 바이러스 RNA 양의 2단계 감소를 나타내지 못한다. 한편, IFN$-\alpha$가 감염된 간세포의 바이러스 생산만을 억제한다고(즉, $\eta = 0$, $\epsilon > 0$) 가정한다면 **그림 4.2** (b)에서 보여주듯이 치료 시작 후의 투여량에 따른 가파른 기울기가 예측된다. 게다가, 만약 바이러스 생산 억제율이 100%가 아니라고(즉, $0 < \epsilon < 1$) 한다면 수학적 모델(4.1)은 바이러스 RNA 양의 감쇠가 1단계와 2단계로 분리하는 것을 나타낸다. 이처럼, 치료 후 2일째까지 관측되는 바이러스 RNA 양의 급격한 감쇠가 주로 IFN$-\alpha$에 의한 감염된 간세포의 바이러스 생산 억제에 기인한다는 것을 시사한다. 다음으로 바이러스 RNA 양 감쇠의 1단계의 기울기가 바이러스 입자의 제거율 c와 감염된 간세포의 바이러스 생산 억제율 ϵ에 의하여 결정되는 것과 2단계의 기울기가 이러한 억제율과 감염된 간세포의 사망률 δ를 함께 반영하고 있다는 것을 증명한다.

3 PEG$-$IFN에 의한 항바이러스 효과를 상세히 고려한 수학적 모델은 *Powers KA. et al.*의 논문 [177] 참조하기 바란다.

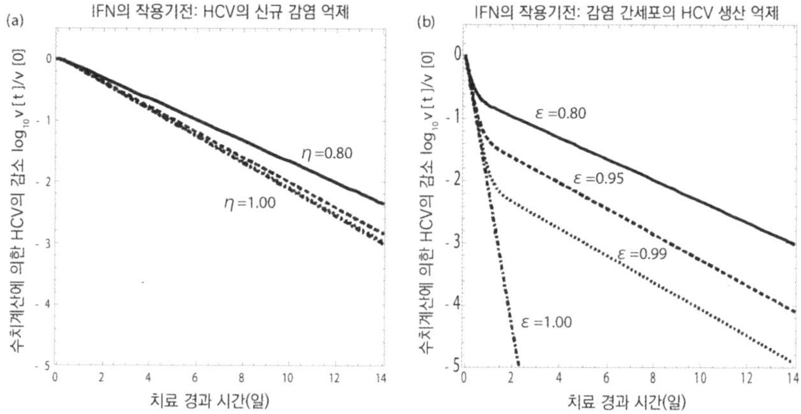

그림 4.2

IFN$-\alpha$의 다양한 작용 기전으로 예측되는 HCV RNA 복사본 수 감소 역학: 그림 (a)는 IFN$-\alpha$ 투여로 HCV의 신규 감염만 억제한다고 가정한다(억제율 η= 0.80, 0.95, 0.99, 1.00 및 $\epsilon=0$). 한편, 그림 (b)에서는 IFN$-\alpha$ 투여로 감염된 간세포의 HCV 생산만 억제된다고 가정하고 있다(억제율 $\epsilon=0.80$, 0.95, 0.99, 1.00 및 $\eta=0$). 그림의 곡선은 수학적 모델(4.1)에 의해 계산된 IFN$-\alpha$ 투여 시작 후 바이러스 RNA 감소율(즉, $\log v(t)/v(0)$)을 나타낸다. 매개변수 $\delta=0.5$, $c=5$, $p=100$, $\beta=3.00\times10^{-7}$은 생물학적으로 타당한 값으로 고정하고 비감염 간세포 수는 정상 상태(즉, $T(t)=\delta c/p\beta$)를 유지한다고 생각한다.

IFN$-\alpha$ 단일치료에서의 임상시험 데이터의 수학적 모델에 의한 분석 (I)

IFN$-\alpha$단일치료에서의 임상시험 데이터를 분석하기 위해서는 수학적 모델(4.1)에서 IFN$-\alpha$의 작용 메커니즘이 바이러스의 신규 감염 억제가 아닌 감염된 간세포의 바이러스 생산 억제라고(즉, $\eta=0$, $\epsilon>0$) 생각하여 진행한다. 또한 IFN$-\alpha$ 투여 시작 시의 바이러스 RNA 양 $V(0)$와 감염된 간세포 수 $I(0)$는 평형상태에 달하고 있다고 가정하여($cV(0)=pI(0)$), 각각의 IFN$-\alpha$투여 전의 값이라고 한다.

만약, 감염된 간세포의 평균 수명이 2일 이상이라고 한다면 IFN$-\alpha$투여 후의 2일 동안 이러한 세포 수는 대부분 일정한 값을 유지한다(즉, $I(t)=I(0)$)고 생각할 수 있다. 이 때에 수학적 모델(4.1)은 다음과 같은 선형 미분 방정식으로 나타낼 수 있다.

$$\frac{dV(t)}{dt}=(1-\epsilon)pI(0)-cV(t) \tag{4.2}$$

따라서 IFN$-\alpha$ 투여 시작 후 2일간의 혈장 내 바이러스 감염 동역학은

$$V(t)=V(0)\{1-\epsilon+\epsilon e^{-c(t-t_0)}\} \quad (t>t_0) \tag{4.3}$$

라는 근사식으로 설명할 수 있다. 여기서, 바이러스 RNA 양의 감쇠는 시간 t_0부터 시작된다고 가정하며 데이터로부터 관측되는 약 8~9시간의 지연을 나타낸다[4]. 근사식(4.3)은 IFN$-\alpha$ 투여 시작 후의 바이러스 RNA 양이 기울기 c로 인하여 감쇠하며 $(1-\epsilon)V(0)$라는 일정한 값에 가까워져 간다는 것을 나타낸다. 즉, IFN$-\alpha$에 의한 바이러스 생산 억제율이 100%라고 하면 바이러스 양은 계속 감소하지만 억제율이 100%에 못 미친다면 바이러스 양은 치료 전의 $(1-\epsilon)$배까지밖에 감소하지 않는 것을 예측하고 있다.

IFN$-\alpha$ 투여 시작 후 2일 동안의 감염자 생체 내 HCV의 감염 동역학을 정량화하기 위하여 단일요법으로 치료한 바이러스 RNA 양의

4 *Neumann AU. et al.*의 논문[156]에 따르면, IFN$-\alpha$ 투여 후 혈장 내 바이러스 RNA 양이 감소하기까지 약 8~9시간의 지연은 IFN$-\alpha$의 약동학적/약력학적 작용과 HCV의 복제주기에서 비롯된 특성이 복합적으로 반영된 결과라고 한다.

시계열 데이터로부터 근사식(4.3)의 매개변수 t_0, c와 ϵ, 초기값 $V(0)$를 추정한다. **그림 4.3**의 검은색 선은 최적화된 매개변수를 이용하여 계산한 근사식(4.3)에 의한 IFN$-\alpha$ 단일요법으로 치료한 2일 동안의 혈장 내 HCV감염 동역학이다.

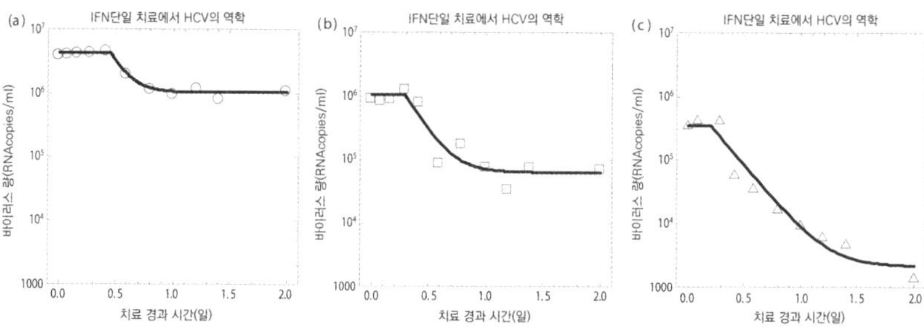

그림 4.3

용량별 IFN$-\alpha$ 단일요법 치료시 혈장 내 HCV RNA 양 분석 (I): 그림 (a)(b)(c) 중 굵은 선은 각각 5mlU + 5mlU, 5mlU + 10mlU, 5mlU + 15mlU의 IFN$-\alpha$를 매일 투여한 환자 1$-$H(○ 표시), 2$-$D(□ 표시), 3$-$D(△ 표시)에서 IFN$-\alpha$ 치료 시작 후 2일간 바이러스 입자의 감염 동역학을 나타낸다. 비선형 최소제곱법으로 추정한 최적의 매개변수 값들은 (a) $t_0 = 10.8$(hours), $c = 8.38(\text{day}^{-1})$, $\epsilon = 0.76$, $V(0) = 4.31 \times 10^6$(RNA copies/ml), (b) $t_0 = 7.00$(hours), $c = 6.87(\text{day}^{-1})$, $\epsilon = 0.94$, $V(0) = 1.06 \times 10^6$(RNA copies/ml), (c) $t_0 = 5.00$(hours), $c = 4.92(\text{day}^{-1})$, $\epsilon = 0.99$, $V(0) = 0.35 \times 10^6$(RNA copies/ml)이다.

만성 감염기의 HCV 입자의 감염 동역학

환자 1$-$H, 2$-$D, 3$-$D에서 추정된 바이러스 입자의 제거율은 각각 $c = 8.38$, 6.87, 4.92(day^{-1})이며 만성 감염기의 바이러스 입자의 반감기가 2.0, 2.4, 3.4시간인 것에 대응하고 있다. 흥미롭게도 이러한 결과는 IFN$-\alpha$ 투여량과 바이러스 입자의 제거율에는 상관 관계가 없는 것을 의미한다. 즉, 바이러스 RNA 양 감쇠시 1단계의 가파른 기울기가 IFN-α 투여량에 따라 변하는 이유는 바이러스 입자의 제거율이 아닌 감염된 간세포의 바이러스 생산 억제율 ϵ에 기인한다는 것을 알 수 있다. 실제로 환자 1-H, 2-D, 3-D에서 추정된 바이러스 생산 억제율은 각각 $\epsilon = 76$, 94, 99(%)이며 IFN-α 투여량에 강하게 의존한다. 또한, IFN-α 투여 2일 후의 혈장 내의 바이러스 RNA 양은 근사식(4.3)으로부터 예측되는 $(1-\epsilon)V(0)$의 값과 잘 일치한다. 그리고 이전 절에서 설명한 HIV감염자 생체 내의 1일당 총 바이러스 생산량을 계산하는 방법을 이용하면 만성 감염기의 HCV감염자의 총 바이러스 양의 평균값은 2.51×10^{11}RNA copies/ml라고 추정된다[5]. 이렇듯, 만성 감염기의 HCV감염자의 총 바이러스 생산량은 HIV감염자와 동일하게 높은 값이 된다. 따라서, 이러한 분석으로 HCV가 매우 다양한 유사종을 갖는 이유가 밝혀졌으며 항바이러스 치료에 적응하는 변이 바이러스가 급속하게 출현하는 것이 시사되었다. 실제로 IFN-α 치료의 유효율이 HCV유사종의 다양성과 혈장 내 바이러스 양과 상관관계가 있다는 것이 보고되었다[168].

IFN-α 단일치료에서의 임상시험 데이터의 수학적 모델에 의한 분석 (II)

이전 절에서 이용한 수학적 모델(4.2)처럼 2~3일 이상의 긴 기간의 분석이기 때문에 감염된 간세포의 사망률을 무시할 수는 없다. 하지만 비감염된 간세포의 턴오버는 비교적 작기 때문에 이들의 세포 수가 2주간의 IFN-α 치료 기간 동안 일정하다고($T(t) = T(0) = \delta c/p\beta$) 가정할 수 있다. 이 때, 수학적 모델(4.1)은 다음과 같은 선형 미분 방정식으로 나타낼 수 있다.

---

5 이 값은 *Neumann AU. et al.*의 논문 [156]에서 추정한 총 23명의 HCV 감염환자의 총 바이러스 생산량 평균값인 1.3×10^{12}RNA copies/ml보다 작은 값이다.

$$\begin{aligned}\frac{dI(t)}{dt} &= \beta T(0)V(t) - \delta I(t)\\ \frac{dV(t)}{dt} &= (1-\epsilon)pI(t) - cV(t)\end{aligned} \tag{4.4}$$

따라서 IFN$-\alpha$치료의 혈장 내 바이러스 감염 동역학은

$$V(t) = V(0)\left\{\frac{\epsilon c - \lambda_2}{\lambda_1 - \lambda_2}e^{-\lambda_1(t-t_0)} + \left(1 - \frac{\epsilon c - \lambda_2}{\lambda_1 - \lambda_2}\right)e^{-\lambda_2(t-t_0)}\right\} \ (t > t_0) \tag{4.5}$$

라는 근사식으로 설명할 수 있다[6]. 여기서 λ_1과 λ_2는 다음과 같이 나타낼 수 있다.

$$\lambda_1 = \frac{(\delta + c) + \sqrt{(\delta - c)^2 + 4(1-\epsilon)\delta c}}{2}$$

$$\lambda_2 = \frac{(\delta + c) - \sqrt{(\delta - c)^2 + 4(1-\epsilon)\delta c}}{2}$$

2주일에 걸친 IFN$-\alpha$치료에서 감염자 생체 내의 HCV감염 동역학을 정량화하기 위하여 단일요법으로 치료한 바이러스 RNA 양의 시계열 데이터로부터 근사식(4.5)의 매개변수 δ를 추정한다. 또한, 매개변수 t_0, c, ϵ, 초기값 $V(0)$는 근사식(4.3)을 이용하여 추정한 값을 가정한다. **그림 4.4**의 검은색 선은 최적화된 매개변수를 이용하여 계산한 근사식(4.5)에 의한 IFN$-\alpha$단일요법으로 치료한 14일간의 혈장 내 HCV 감염 동역학이다.

6 수학적 모델(4.4)에서 근사식(4.5)를 도출하는 방법은 앞 장에서 자세히 설명한 해석해 (2.19)의 도출을 참고하기 바란다.

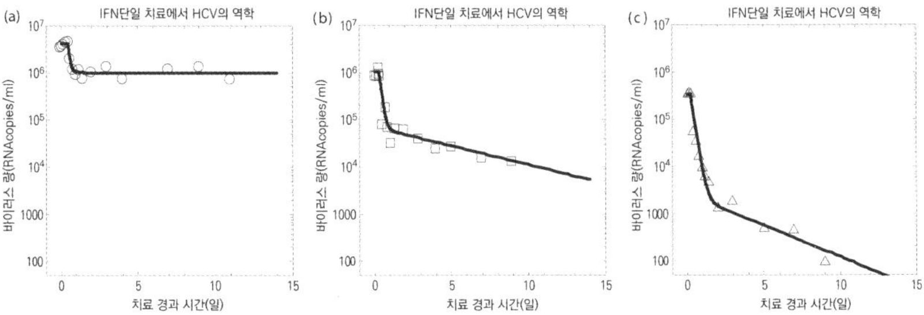

그림 4.4

용량별 IFN$-\alpha$ 단일 요법시 혈장 내 HCV RNA 양 분석 (II): 그림 (a)(b)(c) 중 굵은 선은 각각 5mlU + 5mlU, 5mlU + 10mlU, 5mlU + 15mlU의 IFN$-\alpha$를 매일 투여한 환자 1−H (○ 표시), 2−D (□ 표시), 3−D (△ 표시)에서 IFN$-\alpha$ 치료 시작 후 14일간 바이러스 입자의 감염 동역학을 나타낸다. 비선형 최소제곱법으로 추정한 최적의 파라미터 값들은 (a) $\delta = 0.00(\text{day}^{-1})$, (b) $\delta = 0.20(\text{day}^{-1})$, (c) $\delta = 0.31(\text{day}^{-1})$이다. 여기서 매개변수 t_0, c와 ϵ, 초기값 $V(0)$은 근사식(4.3)을 이용하여 추정한 값을 사용하였다.

만성 감염기의 바이러스를 생산하는 감염된 간세포의 감염 동역학

환자 1−H, 2−D, 3−D에서 추정된 바이러스를 생산하는 감염된 간세포의 사망률은 각각 $\delta = 0(<0.01)$, 0.20, 0.31(day^{-1})이며 만성 감염기의 감염된 간세포의 반감기가 ∞ ($>$ 70), 3.5, 2.2일인 것에 대응하고 있다. 즉, 바이러스 RNA 양 감쇠시의 2단계의 완만한 기울기는 이러한 사망률 δ에 기인하고 있다는 것을 알 수 있다. *Neumann AU. et al.*의 논문 [156]에서 23명의 HCV감염자의 감염된 간세포 사망률이 추정되었지만 그 값은 상당히 편차가 있었다. HCV는 세포 변성을 일으키기 어려운 바이러스이기 때문에 세포 독성 T세포에 의한 감염된 세포의 파괴가 감염된 간세포 사망의 주 원인이라고 가정한다면 이러한 편차가 있는 사망률은 HCV에 대한 세포성 면역 반응의 차이가 반영된 결과라고 생각된다. 실제로, 여러 논문에서 감염된 간세포의 사망률과 치료 전의 혈청 ALT값에 양의 상관이 있는 것이 보고되어 있다[82, 155, 156]. 또한, 흥미롭게도 감염된 간세포의 사망률은 치료 전의 바이러스 RNA 양과 음의 상관을 가지며 IFN-α치료의 유효율과 양의 상관을 갖는 것이 알려져 있다. 이것은 감염된 간세포의 파괴를 촉진하는 면역 반응이 혈장 내 바이러스 RNA 양을 낮게 유지하게 위해서 중요한 역할을 하고 있는 것을 시사한다.

정리

*Neumann AU. et al.*의 논문 [156]에서 만성 감염기의 HCV감염자에 대한 IFN$-\alpha$ 단일요법 치료에서의 혈장 중 바이러스 RNA 양의 감쇠가 매우 가파른 기울기를 갖는 1단계와 비교적 완만한 기울기를 갖는 2단계로 분리된다는 것을 보고하고 있다[7]. 그들은 이러한 만성 감염기의 HCV감염자에 대한 IFN$-\alpha$ 단일요법으로 치료한 임상시험 데이터를 이용하여 바이러스 입자와 바이러스를 생산하는 감염된 간세포의 감염 동역학을 정량화하였다. 본 절에서는 논문 [156]의 전형적인 3명의 환자 1$-$H, 2$-$D, 3$-$D의 단일요법으로 치료한 혈장 내 바이러스 RNA 양을 이용하여 IFN$-\alpha$의 작용 메커니즘이 감염된 간세포의 바이러스 생산을 억제한다고 가정했을 때 HCV입자의 반감기가 각각 2.0, 2.4, 3.4시간이며 감염된 간세포의 반감기가 각각 $\infty(>70)$, 3.5, 2.2일인 것을 증명했다. 그리고 바이러스 RNA감쇠시의 1단계의 가파른 기울기가 바이러스 입자의 제거율 c와 감염된 간세포의 바이러스 생산 억제율 ϵ를 반영하고 있는 것과 2단계의 완만한 기울기가 감염된 간세포의 사망률 δ와 바이러스 생산 억제율 ϵ을 반영하고 있다는 것을 도출 했다. 또한, 바이러스 생산 억제율 ϵ가 IFN$-\alpha$ 투여량에 따라 1단계의 기울기를 결정하며 편차가 있는 감염된 간세포의 사망률 δ가 HCV에 대한 세포성 면역 반응의 차이를 시사하는 것을 설명했다. 이러한 분석으로부터 IFN$-\alpha$ 치료에서 바이러스 RNA 양 감쇠시의 1

7 *Dabari H. et al.*의 논문 [35]에서는 항 HCV 치료를 받은 환자 중 일부는 혈장 내 바이러스 RNA 양의 감쇠가 가파른 경사를 가진 1단계, 거의 변화가 없는 2단계, 그리고 비교적 완만한 경사를 가진 3단계로 분리되는 경우가 있다고 보고하였다. 그들은 이러한 바이러스 RNA 양의 감쇠가 3단계로 나뉘는 현상을 간세포가 항상성을 유지하기 위해 증식하는 것을 고려한 수학적 모델로 설명하고 있다.

단계와 2단계의 기울기가 본 치료의 유효율을 달성하기 위해서는 매우 중요하다는 것이 시사된다. 왜냐하면 1단계의 기울기가 가파르지 않다는 것은 IFN$-\alpha$ 치료가 감염된 간세포의 바이러스 생산을 충분히 억제하지 못하는 것을 시사하며 2단계의 기울기가 가파르지 않은 것은 항HCV세포성 면역이 감염된 간세포를 효과적으로 파괴하지 못하는 것을 시사하기 때문이다. 또한, HIV감염자와 동일하게 만성 감염기의 HCV감염자의 하루 총 생산 바이러스 양의 평균값이 2.51×10^{11}RNA copies/ml라는 몹시 큰 턴오버이기 때문에 약물 내성 바이러스의 출현 빈도도 높아질 수 있다는 것을 알아냈다. 실제로 *Rong L. et al.*의 논문 [185]에서 테라프레비르라는 HCV의 프로테아제 억제제를 단일요법으로 이용한 임상시험 데이터의 수학적 모델에서 분석한 결과 치료 시작 약 2일 후에는 감염자 생체 내의 전체 바이러스 양의 5~20%에 상당하는 바이러스가 약물 내성 변이를 획득했다고 보고하고 있다[8]. 한편, 동일한 분석으로부터 만성 감염기의 B형 간염바이러스 감염자에서도 바이러스의 턴오버가 매우 큰 것이 밝혀지면서 전통적으로 진행되어 왔던 단일요법 치료의 위험성이 논의되기 시작하고 있다[36, 150]. 이렇듯 감염자 생체 내의 여러 가지 바이러스 감염 동역학을 정량화하는 것으로 바이러스를 완전히 구축하기 위한 최적의 치료 전략을 디자인할 수 있게 된다.

또한, 본 절에서 설명해온 임상시험에 더하여 최근 간염 바이러스 연구에서는 배양세포를 이용한 HCV의 감염 시스템이 확립되었다. 게다

8 유럽과 미국에서 주로 유행하고 있는 것은 유전자형 1a형 HCV이며 이 바이러스는 테라프레비르에 대해 조기에 내성을 획득하는 것으로 알려져 있다. 반면, 일본에서 주로 유행하고 있는 것은 유전자형 1b형 HCV이며 이 바이러스는 테라프레비르에 대한 내성을 획득하기 어렵기 때문에 일본에서의 테라프레비르를 이용한 치료 성적이 매우 좋은 것으로 알려져 있다. 이는 바이러스의 유전자형 간 약물 내성 획득에 대한 유전적 장벽이 전혀 다른 데서 기인한다.

가, 중증 복합 면역결핍병(severe combined immunodeficient; SCID) 마우스에 인간의 간을 이식한 인간 간 키메라 마우스에 간염 바이러스를 감염시키는 기술이 확립되어 여러 실험 분석이 가능하게 되었다[100, 212]. 이러한 실험 과학적인 분석 방법의 발전으로 인하여 앞으로는 HCV의 감염 · 복제 메커니즘이나 신규 · 기존의 약물이 갖는 항바이러스 효과 등을 더욱 상세하게 조사할 수 있게 될 것이라 예상된다. 따라서 더욱 복잡한 세포 내의 바이러스 복제 동역학을 설명하는 수학적 모델이나 세포간 · 세포내의 바이러스 감염 동역학을 통합적으로 설명하는 수학적 모델을 개발하여 얻어진 실험 데이터로부터 미지의 바이러스 감염 동역학을 정량화하는 것이 중요해질 것이다[34, 37, 153, 154].

칼럼

C형 간염 바이러스 (HCV)

국립 감염증 연구소 바이러스 제2부: 와타시 코이치

C형 간염 바이러스(HCV)는 1989년에 비A/비B간염의 원인 바이러스로서 클로닝되었다[23]. 그 후 수년 간은 바이러스학적으로 바이러스의 게놈 서열, 구조, 단백질 생산 메커니즘 등의 분석이 진행되었고 바이러스 단백질의 기능과 바이러스가 세포에서 일으키는 병원성 발증 메커니즘 등이 주로 연구되었다. 하지만, 그 당시에는 바이러스 감염 증식 시스템이 확립되지 않았었기 때문에 바이러스 생활 사이클에 관한 분석은 거의 진행되지 않았다. 1999년에 배양세포로 HCV 게놈 복제를 재현할 수 있는 서브 게놈 레플리콘 시스템이 개발되면서[126] 숙주 세포 안에서의 게놈 복제 메커니즘, 장기간의 배양에 따라 HCV RNA가 더욱 고효율 복제능을 획득하는 적응변이의 분석, 게놈 복제를 억제하는 항HCV 치료제의 동정 등의 연구가 급속하게 진행되었다[9, 90]. 2005년에는 감염성 HCV입자 생산·감염 시스템이 확립되기 까지 이르렀고 HCV 생활 사이클의 모든 것이 배양세포로 분석할 수 있게 되어 흡착 침입 등의 초기 과정과 바이러스 회합 방출 등의 후기 과정에 관하여도 활발한 연구 활동이 이루어지게 되었다(그림 4.5) [124, 212, 228].

이러한 연구의 흐름과 함께 감염 수용체도 여러 방법으로 동정되어 1998년에 발표된 CD81을 시작으로 LDL 수용체, SR−BI, claudin−1, occludin 등이 보고되었다[59, 174, 175, 195, 220]. 또한, 항HCV 치료제 개발에 관해서는 당초부터 NS3프로테아제 및 NS5B폴리메라제를 표적으로 하는 방법이 시험관 내의 리콘비넌트 효소를 이용하여 탐색되고 있었다[186]. 이것의 개발에는 오랜 기간이 걸렸지만 2011년에는 프로테아제 억제제 2종류가 승인되었고 2013년에는 제2세대 프로테아제 억제제가 이용 가능하게 되었다[87]. 또한 서브 게놈 레플리콘 시스템을 이용한 분석으로부터 NS5A억제제, 시클로필린이나 miRNA−122와 같은 바이러스 복제에 필수적인 숙주 인자를 표적으로 하는 유니크한 계통의 항HCV치료제도 발견되어 임상 개발이 진행되고 있다[211]. 실험 동물을 이용한 생체 내 감염 실험에 관하여는 종래부터 침팬지가 HCV에 감염되는 것이 알려져 있었지만 2001년에 uPA TG/SCID 마우스에 인간 간세포를 이식한 인간 간 면역결핍 마우스가 HCV감염을 재현할 수 있는 것이 보고되었다[139]. 이처럼, 지금까지 바이러스 RNA나 단백질, 병원성 발현 메커니즘, 바이러스 생활 사이클 메커니즘, 항HCV치료제, 감염 동물 모델 구축에 관한 분석들이 적극적으로 진행되어 왔다. 앞으로는 이러한 분석을 종래대로 진행하는 것과 동시에 새로운 실험계의 구축이나 타연구영역의 분석 방법을 도입하는 것으로 지금까지와는 다른 관점의 연구를 진행할 필요가 있다.

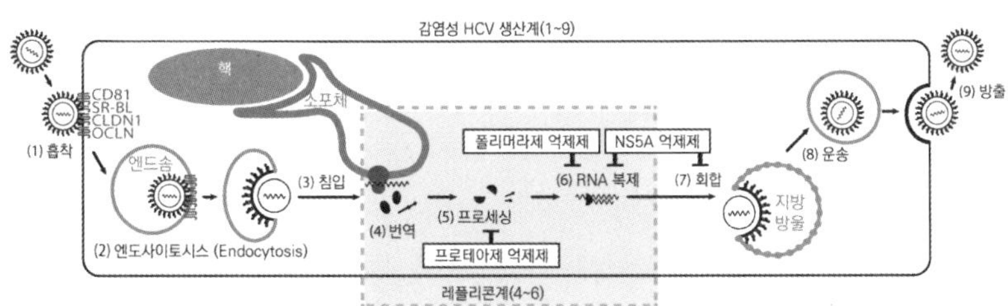

그림 4.5

HCV의 생명주기 및 HCV 연구: HCV는 흡착, 침입, 번역, 처리, RNA 복제, 회합, 수송, 방출을 포함한 생명주기를 거쳐 증식한다. HCV 레플리콘 시스템은 이 중 번역에서 RNA 복제를 재현하며 감염성 HCV 생산 시스템은 이 모든 생명주기를 평가할 수 있다. 지금까지 CD81, SR−BI, claud:in−1, ocludin 등이 HCV 감염 수용체로 보고되었으며 이러한 실험시스템을 이용하여 프로테아제 억제제, 중합효소 억제제, NS5A 억제제, 숙주 표적 억제제 등이 개발되었거나 개발 중에 있다.

4.2 병용요법으로 치료한 HCV 감염 동역학

리바비린은 1972년에 합성된 핵산 아날로그이며 RNA 및 DNA 바이러스에 대하여 폭넓은 항바이러스 활성을 갖는 것이 보고되어 있다. 일본에서는 단독으로 항바이러스제로서 사용되는 일은 없지만 서양에서는 호흡기 감염증 등에 대하여 임상에서 사용된다. 또한, 1990년대 중반에는 미국과 유럽에서 리바비린의 C형 간염에 대한 단일요법 치료 효과가 검토되었다. 이 임상시험에서는 ALT값의 개선 효과가 확인되었지만 바이러스 음성화나 간 조직의 개선은 확인되지 않았다[56, 166, 229]. 하지만 1998년에 IFN−α와 리바비린을 병용하는 것으로 IFN−α 단일요법 치료와 비교하여 유효율이 2배 이상 향상된다는 놀라운 성적이 잇달아 보고되었다[132, 137]. 일본에서는 IFN−α와 리바비린의 병용 치료가 2001년에 PEG−IFN와 리바비린의 병용 요법이 2004년 이후에 승인되었으며 오랫동안 C형 간염에 대한 항바이러스 치료의 표준적인 치료법이었다[207].

이처럼 PEG−IFN와 리바비린의 병용 치료는 C형 간염에 대한 치료 효과를 극적으로 향상시켰지만 리바비린이 IFN뿐만 아니라 현재 개발 중이거나 기존의 승인된 프로테아제 억제제 등의 항HCV치료제와의 병용으로 인하여 약효가 증가하는지를 알기 위해서도 리바비린이 종래의 IFN−α(혹은 PEG−IFN) 단일 투여의 효과를 비약적으로 개선한 메커니즘을 아는 것이 중요하다. *Dixit NM. et al.*의 논문 [52]에서는 이러한 IFN−α와 리바비린의 병용요법 치료를 받은 만성 감염기의 HCV감염자의 임상 데이터를 이용하여 HCV의 생체 내 감염 동역학을 정량화하여 리바비린의 IFN−α 치료에 대한 상승효과를 설명하고 그 작용 메커니즘을 예측했다. 또한, 여러 임상시험에서 보고된 겉보기에는 대립하는 것처럼 보이는 리바비린의 치료 효과에 대해서도 정량적인 통일적 견해를 주었다. 다음에서는 논문 [52]에서 보고된

HCV감염자에 대한 IFN−α와 리바비린을 이용한 임상시험과 이러한 분석으로 정량화된 생체 내의 HCV감염 동역학을 설명한다.

만성 감염기의 HCV 감염자에 대한 IFN−α와 리바비린의 병용요법의 치료

리바비린의 단일요법으로 치료한 바이러스 RNA 양이 감쇠하지 않거나, 투여 후 일시적인 감쇠를 보이는 정도이지만, IFN 단일요법 치료로 효과가 없던 사람이나 재발한 사람에게도 IFN−α와 리바비린의 병용요법은 바이러스 RNA 양을 음성효과나 ALT개선 효과의 지속성이 뛰어나다는 것이 보고되어 있다[132, 137, 207]. 이러한 병용요법 치료에서는 IFN−α 단일요법으로 치료할 때와 동일하게 혈장 내 바이러스 RNA 양이 다층적으로 감쇠하는 것이 관측되어 있다[52, 80, 122]. 또한, 1일당 IFN−α 투여량이 많고 매우 효과적으로 1단계의 바이러스 RNA 양이 감소하는 환자군에서는 이 감쇠율에 대한 리바비린의 효과가 거의 관측되지 않는 반면, IFN−α에 의한 1단계의 바이러스 RNA 양의 감쇠가 비교적 완만한 환자군에서는 리바비린에 의한 효과가 바이러스 RNA 양 감쇠의 1단계가 아닌 2단계에서 현저하게 나타나는 것이 보고되어 있다[80]. 그리고 또 다른 임상시험에서는 IFN−α 투여량이 적을 때에는 리바비린이 2단계의 바이러스 RNA 양의 감쇠율을 IFN−α 투여량에 따라 촉진하지만 IFN−α 투여량이 많아지면 리바비린에 의한 효과가 관측되지 않는 것도 확인되었다[122, 166]. 이처럼 IFN−α 치료에서의 리바비린의 작용 메커니즘은 위와 같이 여러가지 상반된 보고로 인하여 당시에는 잘 이해되지 않고 있었다.

*Dixit NM. et al.*의 논문 [52]에서는 하루에 10mlU의 IFN−α와 체중에 따른 리바비린을 1개월에 걸쳐 투여한 17명의 1형 HCV감염자(백인 8명, 아프리카계 미국인 9명)의 혈장 내 바이러스 RNA 양의 시계열 데이터를 이용하고 있다. 이 임상시험 데이터는 *Layden−Almer*

*JE. et al.*의 논문 [122]에서 보고된 인종의 차이에 의한 치료 효과의 차이를 조사하기 위해 실시된 임상시험의 일부에서 얻어진 정보이다. 치료 전의 혈장 내 바이러스 RNA 양은 평균 10.4×10^6(RNA copies/ml)이며 모든 환자에서 치료 시작 후 약 10시간의 지연을 거쳐 약 2일째까지 혈장 내 바이러스 RNA 양의 현저한 감소(1단계) 및 28일째까지 바이러스 RNA 양의 완만한 감소(2단계)이 관측되어 있다. 표 4.2는 *Dixit NM. et al.*의 논문 [52]에서 보고된 전형적인 환자 18(백인)과 환자 35(아프리카계 미국인)의 혈장 1ml 내 HCV RNA 복제 수 이다[9]. **그림 4.6**의 (a) (b)는 각각 환자 18과 환자 35의 치료 시작 후 28일간 측정된 혈장 1ml 내 바이러스 RNA 양의 시계열 데이터

표 4.2

환자	치료 경과 시간(일): 바이러스 양					
	0	0.25	0.375	0.5	0.75	1
18	7.52×10^6	4.98×10^6	4.11×10^6	3.09×10^6	8.16×10^5	4.33×10^5
35	3.41×10^5	4.14×10^5	3.55×10^5	2.61×10^5	2.42×10^5	1.36×10^5

환자	치료 경과 시간(일): 바이러스 양					
	1.25	2	3	7	14	28
18	3.05×10^5	9.75×10^4	7.81×10^4	3.42×10^4	7.71×10^3	1.94×10^2
35	1.85×10^5	1.71×10^5	2.51×10^5	6.07×10^4	1.36×10^4	4.47×10^3

2명의 만성 HCV 감염환자에서 IFN-α와 리바비린 병용요법의 임상 데이터: 표의 데이터는 혈장 1ml 내 HCV RNA 복사본 수(즉, RNA copies/ml 단위)로 표시되어 있다. 데이터는 *Dixit NM. et al.* 논문 [52]의 그림 2에서 저자들이 추출 및 수정한 값이다.

9 표 4.2의 수치는 논문 [52]의 그림 2에서 필자들이 추출한 값을 수정한 것이다. 따라서 논문 [52]에서 사용된 실제 수치와는 다소 차이가 있을 수 있다는 점에 유의해야 한다.

이다. 이후에는 이 28일간의 바이러스 RNA 양을 이용하여 분석을 진행한다.

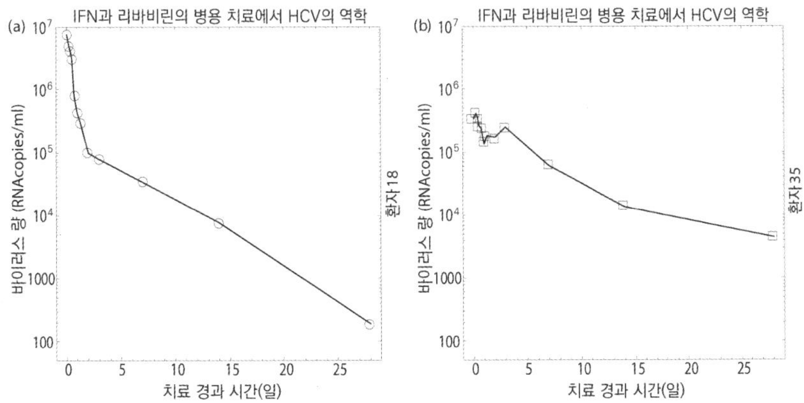

그림 4.6

IFN $-\alpha$와 리바비린 병용요법에서 혈장 내 HCV RNA의 시간적 변화: 그림 (a) 18번 환자와 (b) 35번 환자는 1달 동안 하루 10mlU의 IFN $-\alpha$와 체중에 따른 리바비린을 투여받은 17명의 1형 HCV 감염환자(백인 8명, 흑인 9명)의 전형적인 예시이다. 데이터는 *Dixit NM. et al.* 논문 [52]의 그림 2에서 저자들이 추출 및 수정한 값이다.

수학적 모델에 의한 리바비린 병용요법 치료 효과의 예측

퓨린 누클레오시드 아날로그인 리바비린은 세포 내에서 인산화되어 복제되어 있는 RNA바이러스에 유입된다. 그 결과 신규 생산 바이러스의 변이빈도가 증가하여 감염성을 감소시키는 작용을 한다[32, 33, 52]. 따라서 리바비린 투여 중에 새롭게 생산된 바이러스의 일부는 비감염성으로 변한다고 가정할 수 있다. 이 때, IFN $-\alpha$와 리바비린의 병용요법으로 치료할 때의 바이러스 감염 동역학은 IFN $-\alpha$의 단일요법으로 치료할 때의 수학적 모델(4.1)을 개량한 다음과 같은 수학적 모델로 설명할 수 있다.

$$\begin{aligned}\frac{dT(t)}{dt} &= \lambda - dT(t) - \beta T(t) V_W(t) \\ \frac{dI(t)}{dt} &= \beta T(t) V_W(t) - \delta I(t) \\ \frac{dV_W(t)}{dt} &= (1-\rho)(1-\epsilon) pI(t) - cV_W(t) \\ \frac{dV_{RBV}(t)}{dt} &= \rho(1-\epsilon) pI(t) - cV_{RBV}(t)\end{aligned} \tag{4.6}$$

여기서 $T(t)$와 $I(t)$는 각각 비감염된 간세포 수와 바이러스 생산을 하는 감염된 간세포 수를 $V_W(t)$와 $V_{RBV}(t)$는 각각 리바비린의 영향을 받지 않는 감염성 바이러스 입자와 리바비린의 영향을 받은 비감염성의 바이러스 RNA 양을 나타낸다(관측되는 혈장 내 바이러스 RNA 양은 $V(t) = V_W(t) + V_{RBV}(t)$이다). 또한, 매개변수 ρ와 ϵ는 각각 리바비린과 IFN$-\alpha$에 의한 항바이러스 효과를 나타내며 수학적 모델 (4.6)의 $\rho = 0$, $\epsilon > 0$일 때에는 IFN$-\alpha$의 단일요법 치료에서의 수학적 모델을, $\rho > 0$, $\epsilon = 0$일 때에는 리바비린의 단일요법 치료에서의 수학적 모델에 대응하고 있는 것에 주의한다.

*Dixit NM. et al.*의 논문 [52]에서 IFN$-\alpha$와 리바비린의 병용 치료에서의 혈장 내 바이러스 RNA 양의 시계열 데이터를 분석하는 수학적 모델(4.6)로부터 리바비린이 IFN$-\alpha$치료를 개선하는 메커니즘을 다음과 같이 설명했다. **그림 4.7** (a)(b)는 수학적 모델(4.6)에서 계산할 수 있는 혈장 내 바이러스 RNA 양 감쇠의 모습이다. 여기서, 바이러스 생산을 하고 있는 감염된 간세포의 사망률은 과거에 추정된 범위로부터 $\delta = 0.01,\ 0.14,\ 0.4(\text{day}^{-1})$라는 값을 이용하고 있다[80, 122, 156]. 그리고 혈장 내의 리바비린의 축적을 나타내기 위해서 리바비린에 의한 항바이러스 효과를 $\rho = \rho_m(1 - e^{-t/t_a})$라고 하였다. 매개변수 ρ_m와 t_a는 각각 리바비린의 최대 항바이러스 효과와 축적 시간 정수이

다. 이 때 항바이러스 효과는 투여 시작 후의 $\rho = 0$부터 약 28일 후에는 점근적인 값 $\rho = \rho_m$까지 증가한다. 또한, IFN$-\alpha$에 의한 항바이러스 효과는 일정하다고 가정하여 **그림 4.7** (a)(b)에서 각각 $\epsilon = 0.95$와 0.5를 가정했다. 바이러스 RNA 양 $V(t) = V_W(t) + V_{RBV}(t)$은 치료 시작부터 약 1~2일간 현저하게(1단계) 감소하며 그 후에 치료 기간 내내 완만하게(2단계) 감소한다. 흥미롭게도, IFN$-\alpha$에 의한 항바이러스 효과 ϵ가 높으면 리바비린에 의한 항바이러스 효과는 바이러스 RNA 양 감쇠에 영향을 끼치지 않는 것이 시사된다. **그림 4.7** (a)로부터 치료 시작 2개월 후에 리바비린의 최대 항바이러스 효과가 $\rho_m = 0$과 $\rho_m = 1$인 상황과 비교해도 바이러스 RNA 양의 차이가 거의 없다는 것을 알 수 있다. 하지만, 리바비린의 영향으로 인하여 감염성 바이러스 입자의 RNA 양($V_W(t)$)과 비감염성 바이러스 입자의 RNA 양($V_{RBV}(t)$)의 분포는 달라졌다. 예를 들면, 최대 항바이러스 효과가 $\rho_m = 0.5$에서 감염된 간세포의 사망률이 $\delta = 0.14(\mathrm{day}^{-1})$일 때 치료 시작 후 20일까지 약 절반의 바이러스 입자가 비감염성으로 변한 것을 알 수 있다((a) $\delta = 0.14(\mathrm{day}^{-1})$의 경우, 파선: 감염성 바이러스 입자의 RNA 양, 실선: 비감염성 바이러스 입자의 RNA 양). 한편, IFN$-\alpha$에 의한 항바이러스 효과가 낮을 경우 리바비린에 의한 항바이러스 효과는 바이러스 RNA 양 감쇠에 막대한 영향을 끼칠 것으로 시사된다. **그림 4.7** (b)로부터 감염된 간세포의 사망률이 $\delta = 0.14(\mathrm{day}^{-1})$일 때 치료 시작 2개월 후 리바비린의 최대 항바이러스 효과가 $\rho_m = 0$과 $\rho_m = 1$인 경우를 비교하면 바이러스 RNA 양의 차이가 약 100배 다르다는 것을 알 수 있다. 이러한 차이는 감염된 간세포의 사망률 δ가 증가할수록 촉진되며 바이러스 RNA 양 감쇠의 2단계 전체에 걸쳐 확인된다.

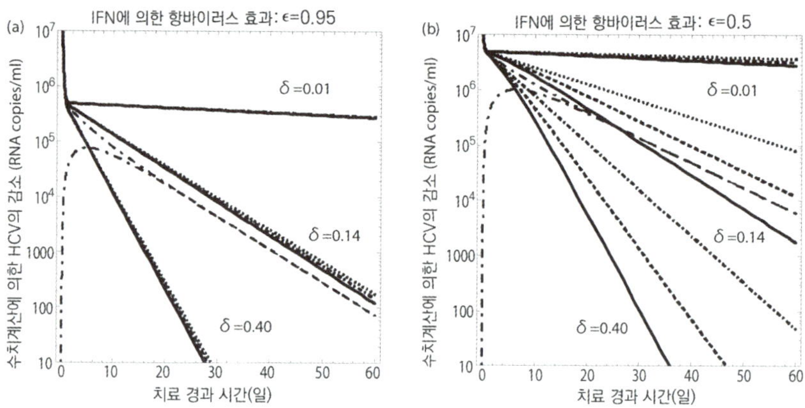

그림 4.7

리바비린의 작용 기전으로 예측되는 HCV RNA 복사본 수 감소 동역학: 그림의 곡선은 IFN$-\alpha$와 리바비린 병용요법 시작 후 바이러스 RNA(즉, $V_W(t)+V_{RBV}(t)$)의 감소량을 수학적 모델(4.6)에 의해 계산된 수치로 나타낸 것이다. 그림 (a)(b)에서는 각각 IFN$-\alpha$ 투여에 의한 항바이러스 효과를 $\epsilon=0.95$와 $\epsilon=0.5$로 가정하였다. 또한, 리바비린의 최대 항바이러스 효과는 $\rho_m=1$(실선), 0.5 (파선), 0 (점선)의 경우를 고려하고 있다. 바이러스 제거율을 $c=6.2(\text{day}^{-1})$, 치료 시작 전 바이러스 RNA 양을 $V(0)=10^7$(RNA copies/ml)로 고정하고, 다른 감염 간세포의 사망률 $\delta=0.01$, 0.14, $0.4(\text{day}^{-1})$를 가정한다. 여기서, 치료 기간 동안 비감염 간세포 수가 치료 시작 전의 값 ($T(t)=T(0)=\delta c/p\beta$)을 유지한다면 바이러스 생산률 p를 결정할 필요가 없다는 점에 주목해야 한다. 이는 수학적 모델(4.6)에서 초기값 $pI(0)=cV_W(0)=cV(0)$인 $pI(t)$의 미분방정식을 생각할 수 있기 때문이다. 또한, $\delta=0.14(\text{day}^{-1})$과 $\rho_m=0.5$인 경우에서 바이러스 RNA 양 중 리바비린의 영향을 받지 않는 감염성 바이러스 입자 $V_W(t)$(점 파선)와 리바비린의 영향을 받는 비감염성 바이러스 입자 $V_{RBV}(t)$(점 실선)의 분포를 계산한다.

다음으로 이러한 IFN$-\alpha$의 항바이러스 효과 ϵ에 따른 리바비린의 영향을 조사하기 위하여 바이러스 RNA 양 감쇠의 2단계에 대해서 자세하게 분석해 간다. 2단계에서 바이러스 생산량과 바이러스 제거율이 준 평형상태(quasi steady state) $((1-\rho)(1-\epsilon)pI(0)=cV_W(0)$와

$\rho(1-\epsilon)pI(0) = cV_{RBV}(0)$)이며 치료 기간 중의 비감염된 간세포 수가 치료 시작 전의 값 $\left(T(t) = T(0) = \frac{\delta c}{p\beta}\right)$을 유지한다고 가정한다. 수학적 모델(4.6)의 2단계를 이 가정하에 $I(t)$에 대해 풀면 $I(t) = I(0)e^{-\delta(\epsilon+\rho-\epsilon\rho)t}$을 얻을 수 있다. 여기서 $V_W(t)$와 $V_{RBV}(t)$를 구해 $V(t) = V_W(t) + V_{RBV}(t)$를 계산하면 다음과 같은 관계식을 도출할 수 있다.

$$V(t) = V(0)(1-\epsilon)e^{-\delta(\epsilon+\rho-\epsilon\rho)t} \tag{4.7}$$

여기서, $V(0)$는 치료 시작 전의 바이러스 RNA 양을 나타내기 때문에 $pI(0) = cV(0)$라는 관계를 이용하였다. 따라서, IFN$-\alpha$와 리바비린의 병용 치료에서의 바이러스 RNA 양 감쇠의 2단계의 기울기는 $\delta(\epsilon+\rho-\epsilon\rho)$이므로 IFN$-\alpha$ 단일치료($\rho=0$)에서의 2단계의 기울기 $\delta\epsilon$와의 차이가 $\Delta = \delta\rho(1-\epsilon)$라고 계산할 수 있다. $\epsilon \approx 1$이면 $\Delta \approx 0$이므로, IFN$-\alpha$에 의한 항바이러스 효과가 높을 때 리바비린에 의한 2단계의 기울기로의 영향은 매우 작아 진다는 것을 알 수 있다[10]. 또한, IFN$-\alpha$에 의한 항바이러스 효과가 약해질수록(즉, ϵ가 작아질 수록), Δ가 커지며 2단계의 기울기에서는 리바비린의 영향이 촉진되는 것을 확인할 수 있다. 한편, 1단계에서는 바이러스 RNA 양이 $\epsilon V(0)$만큼만 감소하는 것이 알려져 있다[156]. 따라서 이러한 값은 리바비린에 의한 항바이러스 효과 ρ에 무관하다는 것을 알 수 있다. 이렇듯, 수학적 모델(4.6)에서 얻은 관계식(4.7)을 통해 앞서 언급한 다양한 임상시험에서 보고된 상반된 것으로 보이는 IFN$-\alpha$에 대한 리바비린의 치료 효과를 일관성 있게 설명할 수 있다[11].

10 여기서 리바비린의 효과로 인해 ρ의 바이러스 입자가 비감염성임을 주목해야 한다.

IFN−α와 리바비린의 병용요법 치료에서의 임상 데이터에 대한 수학적 모델 분석

만성 감염기의 감염자의 HCV감염 동역학을 정량화하기 위해서 IFN−α와 리바비린 병용요법 치료의 임상시험 데이터를 수학적 모델 (4.6)을 이용하여 분석한다. 치료 시작 후 약물동태학/약물동력학적인 작용과 HCV의 복제 사이클의 특징이 복합적으로 반영된 결과로 지연된 시간 t_0 후에 혈장 내 바이러스 RNA가 감쇠하기 시작한다. IFN−α 단일요법과 동일하게 바이러스 입자의 제거율 c와 IFN−α에 의한 감염된 간세포의 바이러스 생산 억제율 ϵ가 바이러스 RNA량 감쇠의 1단계의 기울기를 반영한다는 것에 주의하면 치료 시작 후 2일째까지의 바이러스 RNA 양의 시계열 데이터로부터 매개변수 t_0, c, ϵ와 바이러스 RNA 양의 초기값 $V(0)$이 결정된다. 한편, 바이러스 RNA 양 감쇠의 2단계의 기울기는 IFN−α에 의한 바이러스 생산 억제율 ϵ, 리바비린에 의한 최대 항바이러스 효과 ρ_m과 감염된 간세포의 사망률 δ가 조합되어 결정된다. 특히, 매개변수 ρ_m과 δ는 더욱 보조적인 정보가 없는한 분리해서 추정할 수가 없다. 하지만, 매개변수 ρ_m가 0에서 1의 범위를 갖기 때문에 매개변수 δ가 $\delta_{\min} < \delta < \delta_{\max}$의 범위에 있는 것을 알 수 있다. 여기서 $\delta_{\min}$와 $\delta_{\max}$는 각각 $\rho_m = 1$와 $\rho_m = 0$을 가정했을 때 치료 시작 후 2일째 이후의 바이러스 RNA 양의 시계열 데이터로부터 결정된다.

따라서 치료 시작시의 바이러스 RNA 양 $V(0)$와 감염된 간세포 수

---

11 수학적 모델(4.6)은 리바비린의 HCV에 대한 또 다른 유력한 작용 기전으로 여겨졌던 '면역 조절'이 주요 기전이 아님을 시사한다[120]. 그림 4.7 (a)와 (b)에 따르면 면역 조절 효과가 주된 작용기전이라면 IFN−α의 항바이러스 효과 ϵ와 무관하게 감염된 간세포의 사망률 δ가 증가한다. 사망률 δ가 증가하여 2단계 기울기를 촉진시킬 것으로 예측되지만, 이는 임상시험에서 보고된 것은 2단계 기울기가 달라지지 않는다.

$I(0)$는 각각 치료 시작 전의 평형상태의 값으로 한다. 또한 치료 기간 내내 비감염된 간세포 수 $T(0)$는 치료 시작 전의 값을 유지한다(즉, $V_W(0) = V(0)$, $V_{RBV}(0) = 0$, $I(0) = \dfrac{cV(0)}{p}$이며 $T(t) = T(0) = \delta c/p\beta$)고 가정한다면, 다음과 같이 $\rho_m = 1$ 및 $\rho_m = 0$이라고 했을 때의 수학적 모델 (4.6)의 매개변수를 추정할 수가 있다. $\rho_m = 1$일 때, 즉 리바비린에 의한 항바이러스 효과가 완전할 때, 수학적 모델(4.6)은 만성 감염기의 HIV−1 감염자에 대한 프로테아제 억제제 단일요법으로 치료할 때의 수학적 모델 (3.4)과 일치하므로 해석해 (3.5)를 이용하여 바이러스 RNA 양의 시계열 데이터로부터 매개변수 δ의 하한 $\delta_{\min}$ 및 t_0, c, ϵ와 바이러스 RNA 양의 초기값 $V(0)$를 계산할 수 있다. 또한, $\rho_m = 0$일 때 즉 리바비린에 의한 항바이러스 효과가 없을 때 수학적 모델(4.6)은 IFN−α 단일요법 치료시의 수학적 모델(4.4)과 일치하므로 해석해 (4.5)를 이용하여 바이러스 RNA 양의 시계열 데이터로부터 매개변수 δ의 상한 $\delta_{\max}$ 및 t_0, c, ϵ와 바이러스 RNA 양의 초기값 $V(0)$를 계산할 수 있다. 그림 4.8 (a)(b)의 검은색 선과 점선은 각각 $\rho_m = 1$과 $\rho_m = 0$을 가정했을 때 최적의 매개변수를 이용하여 계산한 근사식(3.5)와 (4.5)에 따른 IFN−α와 리바비린의 병용 치료의 28일간의 혈장 중 HCV감염 동역학이다(그림 4.8 (a)(b)의 검은색 선과 점선은 겹쳐 있는 것에 주의한다).

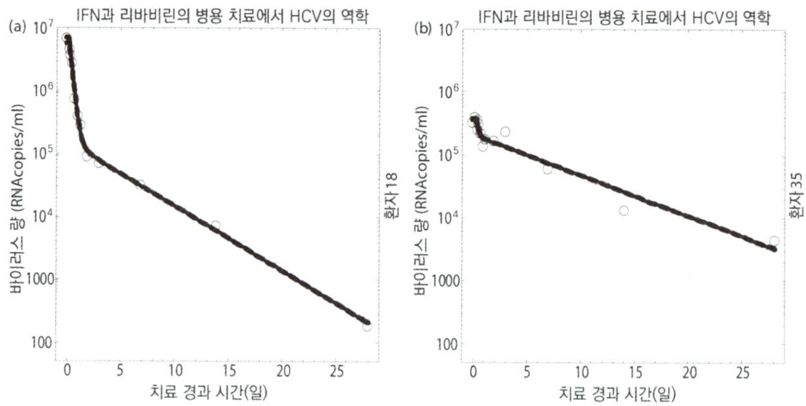

그림 4.8

IFN$-\alpha$와 리바비린 병용용법시 혈장 내 HCV RNA 양 분석: 그림 (a)(b)의 실선과 점선은 각각 $\rho_m=1$과 $\rho_m=0$으로 가정했을 때 18번과 35번 환자의 병용요법 시작 후 28일 동안의 바이러스 입자의 감염 동역학을 나타낸다. 비선형 최소제곱법으로 추정한 최적의 파라미터 값들은 (a) $\rho_m=1$, $t_0=4.3$(hours), $c=3.77(\text{day}^{-1})$, $\delta=0.24(\text{day}^{-1})$, $\epsilon=0.98$, $V(0)=7.52\times10^6$(RNA copies/ml)이며, $\rho_m=0$일 때, $t_0=6.7$(hours), $c=4.06(\text{day}^{-1})$, $\delta=0.24(\text{day}^{-1})$, $\epsilon=0.98$, $V(0)=6.12\times10^6$(RNA copies/ml)이다. 또한, (b) $\rho_m=1$일 때, $t_0=8.4$(hours), $c=5.82(\text{day}^{-1})$, $\delta=0.15(\text{day}^{-1})$, $\epsilon=0.49$, $V(0)=3.76\times10^6$(RNA copies/ml)이며, $\rho_m=0$일 때 $t_0=8.4$(hours), $c=5.84(\text{day}^{-1})$, $\delta=0.31(\text{day}^{-1})$, $\epsilon=0.49$, $V(0)=3.78\times10^5$(RNA copies/ml)이다.

만성 감염기의 HCV 감염자에 대한 리바비린의 항바이러스 효과

환자 18에서 추정된 감염된 간세포의 사망률과 IFN$-\alpha$에 의한 바이러스 생산 억제율은 ρ_m의 값에 관계없이 $\delta=0.24(\text{day}^{-1})$와 $\epsilon=0.98$이다. ϵ의 값이 클 때에 추정되는 δ의 값은 리바비린에 의한 항바이러스 효과 ρ_m에 의존하지 않고 가까운 값이 된다. 이것은 수학적 모델 (4.6)에서 얻을 수 있는 관계식(4.7)에 의하여 예측되듯이 IFN$-\alpha$의 항바이러스 효과가 높을 때 리바비린에 의한 바이러스 RNA 양에 미치는 영향이 매우 작다는 것을 시사한다. 한편, 환자 35에서는 $\rho_m = 1$ 및 $\rho_m = 0$일 때, 사망률과 IFN$-\alpha$에 의한 바이러스 생산 억제율은 각각 $\delta = 0.15,\ 0.31$ (day^{-1})와 $\epsilon = 0.49,\ 0.49$가 된다. ϵ의 값이 작을 때 추정되는 δ의 값은 리바비린에 의한 항바이러스 효과 ρ_m에 의존하여 다른 값이 된다. 이 때, 리바비린에 의한 항바이러스 효과가 없다고 가정했을 때의 수학적 모델로는 감염된 간세포의 사망률이 크게 추정된다는 것을 알 수 있다.

*Dixit NM. et al.*의 논문 [52]에서는 17명의(백인 8명과 아프리카계 미국인 9명) 1형 HCV감염자의 혈장 내 바이러스 RNA 양의 시계열 데이터로부터 감염된 간세포의 사망률과 IFN$-\alpha$에 의한 바이러스 생산 억제율을 추정하고 있으며 이러한 값에는 환자 18과 환자 35에서 동일한 경향이 보인다. 게다가, 흥미롭게도 백인과 아프리카계 미국인의 그룹 간에서 IFN$-\alpha$에 의한 바이러스 생산 억제율의 값은 크게 다른 것에 비해 감염된 간세포의 평균 사망률, 즉 $(\delta_{\min} + \delta_{\max})/2$의 값에는 차이가 없는 것으로 나타났다. 과거의 보고와 비교해 보면 리바비린의 항바이러스 효과는 바이러스 입자의 감염성을 감소시킴으로써 감염된 간세포의 생산율을 감소시키지만 이러한 세포의 사망률에는 큰 영향을 끼치지 않는 것을 뒷받침한다[122].

정리

항 HCV 치료의 장기적인 성과를 평가하는 지표로 '치료 종료시 바이러스 음성율'과 '유효율' 2가지가 넓게 이용되어 왔다[52, 207]. 각각은 '치료 종료 후 혈장 내 바이러스 RNA 양이 검출 한계치 이하일 것'과 '치료 종료 후 24주간, 혈장 내 바이러스 RNA 양이 검출 한계치 이하를 유지하는 것'이라고 정의된다. 관계식(4.7)애서 예측할 수 있듯이 추정된 리바비린과 IFN$-\alpha$에 의한 항바이러스 효과 ρ와 ϵ 및 바이러스 RNA 양의 초기값 V(0)에 대해 치료 종료 후의 바이러스 RNA 양이 검출 한계치, 즉 혈장 1ml 내 HCV RNA 양이 100에 도달하기 위하여 요구되는 감염된 간세포의 사망률 $\delta=\delta_{ETR}$을 수학적 모델(4.6)에서 계산할 수 있다. 또한 치료 종료 후의 바이러스 RNA 양의 제거 한계치, 즉 혈장 1ml 내의 HCV RNA 복제 수가 6.0×10^{-5}에 도달하기 위하여 요구되는 감염된 간세포의 사망률 $\delta=\delta_{SVR}$을 수학적 모델(4.6)에서 계산할 수 있다[12]. 1998년 이후에 IFN$-\alpha$치료와 리바비린을 함께 투여했을 때 치료 종료시의 바이러스 음성율과 유효율이 현저하게 증가하는 것이 보고되었다[132, 137, 207]. *Dixit NM. et al.*의 논문[52]에서는 이러한 임계사망률 δ_{ETR}과 δ_{SVR}을 이용하는 것으로 IFN$-\alpha$의 치료 효과가 개선되는 이유도 정량적으로 설명하고 있다. 즉, 수학적 모델(4.6)은 리바비린이 바이러스 RNA 양의 감쇠율을 촉진하는 메커니즘을 설명할 수 있을 뿐만 아니라 어떻게 항 HCV치료의 장기적인 성과를 개선하는지도 설명할 수 있는 것이다.

12 보통 70kg 남성의 체액은 약 15L이므로, 치료 종료 후 체액 15L당 HCV RNA 복사본 수가 1에 도달하는 것을 제거 한계치로 정의하고 있다. 또한, 바이러스 RNA 양이 제거 한계치 이하에 도달하면 유효율을 달성할 수 있다고 가정하고 있다.

본 절에서는 수학적 모델(4.6)을 이용하여 IFN−α와 리바비린의 병용 치료에서의 바이러스 RNA 양의 시계열 데이터를 분석하여 다음과 같은 중요한 임상적 시사점을 설명해 왔다. 리바비린은 바이러스 RNA 양 감쇠의 1단계가 아닌 2단계에 영향을 끼치기 때문에 1단계의 기울기로부터 추정된 IFN−α의 항바이러스 효과 ϵ로는 병용요법 치료의 장기적인 성과를 예측할 수 없다. 한편, 리바비린은 바이러스 RNA 양 감쇠의 2단계의 기울기를 촉진시키기 때문에, IFN−α 단일요법 치료에서는 치료 종료시에 바이러스가 검출한계까지 내려가지 않는 환자에 대해서도 병용 치료는 효과적일 가능성이 있다. 예를 들어, 아프리카계 미국인 환자군이나 일부 1형 HCV 환자군 등 IFN−α의 항바이러스 효과가 낮은 환자군에서도 마찬가지로 리바비린의 추가 투여가 치료 종료시 바이러스 음성률과 유효율을 향상시킬 수 있다. 또한, 주 1회 투여하는 PEG−IFN을 이용한 치료는 투여기간 동안 항바이러스 효과 ϵ가 현저하게 낮아질 수 있으므로 리바비린과의 병용치료가 바람직하다. 이는 ϵ값이 높을 때는 바이러스 생성이 IFN−α에 의해 억제되고 투여 간 ϵ값이 낮아졌을 때에도 리바비린이 신규 생산된 바이러스의 감염성을 감소시켜 바이러스의 증식을 방지할 수 있기 때문이다. 이처럼 리바비린의 항바이러스 효과를 고려한 수학적 모델(4.6)을 통해 IFN−α와 리바비린 병용 치료의 최적화에 필요한 다양한 이론적 프레임워크를 제안할 수 있다. 향후 연구로 수학적 모델(4.6)에서 예측된 IFN−α와 리바비린의 시너지 효과를 규정하는 작용기전 및 분자 메커니즘을 규명하는 것이 요구되고 있다[32, 33].

CHAPTER 05

림프구 턴오버의 수학적 모델

이 장에서는 정상개체와 HIV-1에 감염된 개체의 생체 내에서의 림프구 동역학을 정량화하는 것에 관한 연구를 소개한다. 특히, 일정기간 림프구의 DNA를 표지하여 얻게 되는 말초혈액의 표지된 림프구의 양성률 데이터로 정량할 수 있는 림프구의 증식률과 사망률에 대해서 설명한다. 먼저 인간화 마우스 생체 내에서 5-bromo-2'-deoxy-uridine(BrdU)을 이용하여 표지된 림프구의 BrdU 양성률을 시계열 데이터 분석한다. BrdU 양성률을 분석하는 수학적 모델을 이용해 정량화할 수 있는 생체 내 림프구 동역학에 대해 설명한다. 다음으로 비감염자와 HIV-1 감염자 생체 내에서 $^{2}H_2$ -glucose (중수소화 포도당)을 이용하여 표지된 림프구의 중수소화 포도당 양성률의 시계열 데이터 분석을 한다. 동시에, 중수소화 포도당 양성률을 분석하는 수학적 모델을 이용하여 정량화된 생체 내의 림프구 동역학에 대해서 설명한다. 그리고 이러한 분석으로 정량화된 림프구 동역학과 함께 HIV-1 감염에 관한 $CD4^{+}$T세포의 고갈 메커니즘과 HAART의 효과에 대해 의논한다.

5.1 BrdU 투여에 따른 표지된 림프구 동역학

림프구 동역학을 분석하기 위해서 예전부터 면역학 분야에서는 BrdU 법이 사용되어왔다[69]. 피리미딘 유사체인 BrdU는 DNA 합성시기(S기)에 복제된 신규 염색체 DNA에 흡수되기 때문에 BrdU 투여하에서 분열한 세포는 BrdU로 표지된다. 그리고 특정 세포군에서의 BrdU 양성률은 항BrdU 항체를 사용하여 검출, 정량할 수 있다. 이전까지는 몇몇 개의 세포군 간 혹은 조건하에 있어 이러한 양성률을 비교하는 것으로 림프구 동역학 차이를 정성적으로 의논하는 정도였다. 하지만, 최근 들어 이러한 DNA 표지법과 더불어 수학적 모델을 활용하여 대상이 되는 세포군 내 BrdU 양성률의 시계열 데이터를 분석함으로써 세포증식과 사망비율을 정량화하는 것이 가능해졌다[109, 146, 167]. 본 장에서는 BrdU 투여하에서 표지된 림프구 동역학을 설명하는 수학적 모델을 이용하여 BrdU 투여 인간화 마우스에서 얻은 실험데이터를 분석하여 인간화 마우스의 말초혈액에서의 $CD4^{+}T$세포 동역학을 정량화한다. BrdU법을 이용한 림프구 동역학 정량화에 관한 연구는 총설 [6, 7, 13, 47]에 자세히 정리되어 있다.

정상 인간화 마우스에서의 림프구 동역학

질환의 병태를 해명하거나 치료를 평가할 때에 세포의 동역학(즉, 세포의 분열비율과 사망률)을 정량화할 수 있다면 다양한 정보를 얻을 수 있다. 예를 들어 많은 암 분야 연구에서는 암세포의 성장이 '세포분열 비율의 증가'에 의한 것인지 '사망률의 감소'에 의한 것인지 밝혀지지 않았다. 하지만 건강한 사람과 암환자에 의한 특정 세포군의 분열비율과 사망률을 정량한다면 비율들을 비교함으로써 이러한 의문을 해결할 수 있다. 또한 항암치료가 어느 정도 유효한지 또는 왜 효과가 없는지와 같은 의문에도 정량적인 분석을 부여할 수 있게 된다. 물론 이러한 림프구 동역학의 정량화는 암 연구의 응용에 제한된 것은 아니다. 자가면역질환이나 바이러스 감염에서도 특정 세포군이 활성화하거나 비활성화하는 일이 병태와 밀접한 연관이 있다고 생각된다. 즉, 암연구의 유사성이 다양한 질환연구에 통용될 수 있다. 현재까지 마우스, 양, 원숭이 그리고 사람의 림프구 동역학을 정량화할 다양한 방법이 연구되어왔다[42, 109, 130, 146, 147, 180]. 하지만 이러한 실험에서는 윤리적인 제약이 많으며, 비용, 시간, 필요 인원이 막대해진다. 실제로 의

학연구에서는 주로 저렴하고 실험하기 쉬운 마우스가 사용되고, 현재 특히, 사람의 면역계를 재현한 인간화 마우스가 주목되고 있다. 인간화 마우스에서는 사람으로는 검증할 수 없는 약물의 안전성 실험 그리고 HIV−1 등의 사람 특이적인 바이러스 감염 실험이 이루어지기 때문이다[101, 158, 189, 190, 191, 192, 193]. 본 장에서는 최근 우리가 개발하는 데에 성공한 인간화 마우스(소형실험동물)에 의한 림프구 동역학의 실험적·수학적 정량화 방법을 소개한다. 그리고 이후에 이러한 정량화 방법을 다양한 마우스를 이용한 질환연구에 응용함으로써 어떠한 연구가 가능해지는가에 대해 의논한다. 또한 인간화 마우스를 이용한 난치병 질환에 관한 연구는 총설 [102, 103, 194]에 자세히 정리되어 있다.

림프구 동역학의 수학적 모델 (1)

생체 내의 급격한 클론 증식기 혹은 완만한 재생기에서의 림프구 동역학은 단위 시간당 림프구 수의 변화를 설명하는 수학적 모델을 이용하여 정량화할 수 있다. 하지만 면역계는 성질이 다른 세포집단에서 구성되어 있기 때문에 림프구 동역학을 나타내는 적절한 수학적 모델을 개발할 시에는 주의가 필요하다. 예를 들어, 림프구에서는 보통, 여러 표현형을 갖는 세포군에서 구성되어 있기 때문에 다른 표현형의 세포군에서는 세포의 분열비율이나 사망률이 다른 것이다. 그리고 동일한 표현형을 갖는 림프구조차도 분열비율이나 사망률이 다른 세포군이 내재되어 있다[44, 45, 70]. 본 장에서는 림프구가 2개의 세포군에 구성되어 있다고 가정한다. 즉 굉장히 느린 턴오버를 갖는 휴면 세포군과 훨씬 빠른 턴오버를 갖는 활성화 세포군을 의미한다. 또한, 이러한 턴오버가 느린 휴면 세포군의 분열 혹은 사망 동역학은 DNA 표지 실험의 시간 축에 있어 무시할 수 있다고 가정할 수 있다.

시간 t에서 n번 분열하는 활성화된 림프구 수를 $A_n(t)$로 놓고, 단위 시간당 림프구의 외부에서의 공급율을 s(cells/day), 분열율을 p (day^{-1}), 사망률을 d(day^{-1})로 가정한다. 여기서 림프구의 외부에서

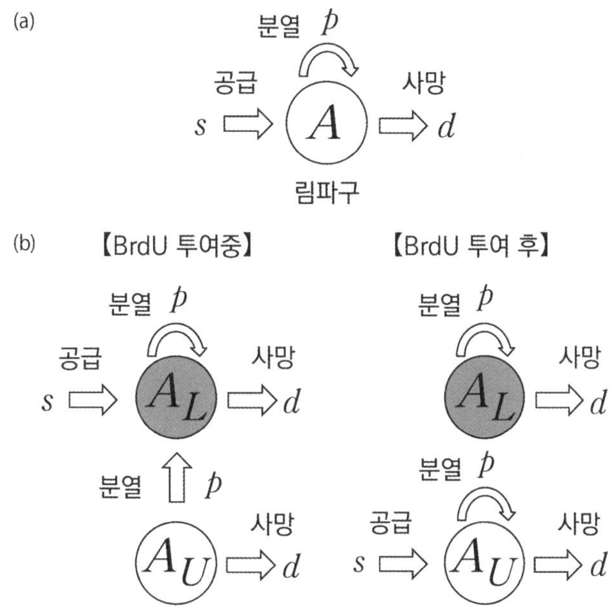

그림 5.1

BrdU를 이용한 표지 실험에서 림프구 동역학에 대한 수학적 모델링: (a) 활성화된 림프구 동역학 및 (b) 활성화된 림프구의 표지 동역학을 설명하고 있다. 여기서는 시간 t에서의 활성화된 림프구 수를 $A(t)$로 단위 시간당 림프구의 외부 공급률을 s(cells/day), 분열률을 p(day^{-1}), 사망률을 d(day^{-1})로 가정하였다. 또한, BrdU를 이용한 DNA 표지 실험에서 활성화된 림프구 중 표지된 세포 수를 $A_L(t)$, 표지되지 않은 세포 수를 $A_U(t)$로 정의하였다.

의 공급은 흉선에서 공급되는 림프구나 휴면상태에서 활성화된 림프구 등 다른 구획에서 유입되는 림프구를 나타낸다. 또한, 단순화를 위해 외부에서 공급된 림프구는 모두(본 구획에서) 미분열 세포이며 활성화

된다(즉, $A_0(t)$로 유입한다)고 가정한다[1]. 활성화 림프구는 분열 후 2개의 딸세포가 된다는 것에 유의하면 $n=1, 2, \cdots, \infty$에서 림프구 동역학의 수학적 모델은 다음과 같은 상미분방정식으로 나타낼 수 있다.

$$\begin{aligned} \frac{dA_0(t)}{dt} &= s-(p+d)A_0(t) \\ \frac{dA_n(t)}{dt} &= 2pA_{n-1}(t)-(p+d)A_n(t). \end{aligned} \tag{5.1}$$

또한, 수학적 모델(5.1)의 양변을 더하고 각 활성화 림프구의 합계를 $A(t)=A_0(t)+\sum_{n=1}^{\infty} A_n(t)$라고 정의한다면 **그림 5.1**(a)에 있는 전활성화 림프구 동역학을 설명할 수학적 모델은

$$\frac{dA(t)}{dt}=s+(p-d)A(t) \tag{5.2}$$

가 된다. 보통 이러한 림프구 수는 생체 내에서 항상 유지되어 있으므로, 다음과 같은 관계가 성립된다.

$$A(t)=A=\frac{s}{d-p} \tag{5.3}$$

즉, 활성화 림프구 수는 분열과 사망을 반복하면서 평형상태에 도달한다. 휴면 림프구 수를 R, 전 림프구 수를 T라고 한다면 각각의 림프구 수가 일정하므로 $T=A+R$가 성립한다.

1 예를 들어, 미분열 혹은 n 분열한 활성화 림프구로 외부 공급을 각각 s_0와 s_n로 정의해, $s=s_0+\sum_{n=1}^{\infty} S_n$라고 했을 때, 일반적인 가정하에서 같은 수학적 모델(5.2)로 도출할 수 있다.

인간화 마우스를 대상으로 한 DNA 표지 실험

사람의 제대혈에서 분리된 CD34 양성 조혈 간세포를, 선천성 중도 면역부전 마우스인 NOG마우스에 이식한, 인간 조혈능을 갖는 마우스(인간화 마우스)로 림프구 동역학을 정량화한다. 이 수용측 마우스에서 분화 성숙한 인간 백혈구세포는 체내에서 1년 이상 유지된다는 것이 확인되고 있다[158, 190, 192]. 또한, 인간화 마우스에서도 마찬가지로, 생체 내의 림프구 수는 평형상태에 도달한다. 그러므로 단순히 세포수를 측정하는 실험에서 세포의 분열비율 혹은 사망률과 같은 림프구 동역학을 산출해낼 수는 없다. 여기서는 S기에 증식세포의 염색체 DNA에 피리미딘 유사체인 BrdU를 넣는 DNA 표지법을 이용하였다.

저자들이 수행한 실험에서는 총합 6마리의 인간화 마우스에 14일간 BrdU를 투여하고 BrdU 투여 종료 후 26일간 사육했다[105, 106]. 그리고 DNA 표지 실험 40일 동안 통틀어서 13번, 동일 개체에서 말초혈액을 추출하여 $CD4^{+}T$ 세포군에서의 BrdU 양성률을 시간순으로 측정했다(표 5.1). 일반적으로 마우스와 같은 소형실험동물에서 동일 개체의 말초혈액의 BrdU 양성률을 시간순으로 측정하는 것은 어려웠었다. 따라서 보통 마우스를 이용한 DNA 표지실험에서는 췌장이나 림프절과 같은 면역조직에서의 림프구의 BrdU 양성률을 여러 개체만큼 측정하여, 이러한 값의 평균을 림프구의 BrdU 양성률로 지정했다[167]. 여기서 주목해야 할 점은 본실험에서 혈구세포 계수기 및 유세포 분석(flow cytometry)법을 사용함으로써 동일개체의 말초혈액에서 BrdU 양성률의 시계열 데이터를 얻을 수 있게 되었다. 즉, 세계 최초로 본연구에서 소형실험동물의 동일개체에서 림프구 동역학의 정량화가 완성된 것이다. 또한, 본 DNA 표지 실험에서는 BrdU 투여 시작 14일 후와 40일 후에 인간화 마우스를 해부, 전신 분석하면서 췌장 혹은 림프절에서 림프구의 BrdU 양성률과 말초혈액에서의 BrdU 양성률에 강한 상관관계가 있음을 확인했다. 바꿔 말하면 말초혈액 내

BrdU 양성률의 시계열 데이터 분석이 몸 전체의 림프구 동역학을 반영한 분석임을 나타내고 있다. **그림 5.2**의 6개의 얇은 선들은 6마리의 인간화 마우스 각각의 말초혈액 내 $CD4^{+}T$ 세포군에서 BrdU 양성률의 시계열 데이터이다(회색 14일 동안은 BrdU의 투여기간을 나타낸다). 또한, 검은색 점들과 두꺼운 선은 각 측정시간에 대한 BrdU 양성률의 평균값이며 앞으로 이러한 평균값으로 분석한다.

표 5.1

인간화 마우스	BraU 투여 경과 시간(일): BrdU 양성률						
	0	2	5	8	11	14	16
78F1	0.00	7.2	12.1	14.0	17.8	20.3	11.1
78F3	0.00	6.6	14.8	33.4	26.5	33.1	24.2
78F4	0.00	9.0	16.3	31.6	27.0	36.0	29.4
78F5	0.00	13.7	22.0	26.0	26.9	36.0	35.1
78M1	0.00	5.9	16.0	14.1	19.8	17.5	20.4
78M2	0.00	16.6	20.7	21.2	30.6	27.7	23.3
평균	0.00	9.83	17.0	23.4	24.8	28.4	23.9

인간화 마우스	BraU 투여 경과 시간(일): BrdU 양성률						
	19	22	26	30	34	40	
78F1	14.6	12.7	8.6	7.4	5.0	1.6	
78F3	23.5	17.2	12.0	13.4	13.7	4.4	
78F4	22.0	17.2	20.1	8.3	9.5	4.6	
78F5	23.6	20.9	13.3	10.0	9.5	3.5	
78M1	9.5	14.1	8.9	6.6	6.9	2.4	
78M2	14.2	12.1	8.0	2.1	4.0	1.4	
평균	17.9	15.7	11.8	8.00	8.10	3.00	

6마리의 정상 인간화 마우스에서 DNA 표지 실험의 데이터: 표의 데이터는 말초혈액 내 $CD4^{+}T$ 세포군에서의 BrdU 양성률로 주어지고 있다(즉 % 단위이다). 데이터는 과학기술부흥기구의 선구연구(영역: 생명현상의 혁신 모델과 전개)의 이와미 신고와 사토 케이 등이 한 실험에서 일부 발췌한 것을 사용하고 있다[105, 106].

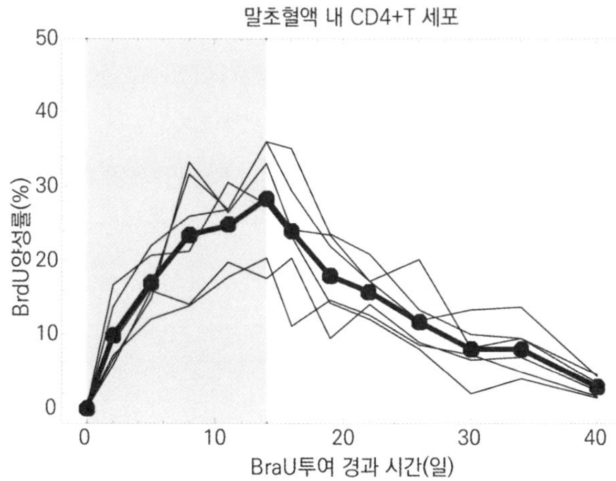

그림 5.2

말초혈액 내 $CD4^+T$ 세포군에서의 BrdU 양성률의 시계열 동역학: 6개의 가는 선은 6마리의 인간화 마우스 각각의 말초혈액 내 $CD4^+T$ 세포군에서의 BrdU 양성률의 동역학을 나타내며, 회색으로 표시된 14일은 BrdU 투여 기간을 나타낸다. 또한, 검은색 원과 굵은 선은 각 측정 시점의 BrdU 양성률의 평균값이다. 데이터는 일본과학기술진흥기구의 선도연구(영역: 생명현상의 혁신 모델과 전개)의 이와미 신고와 사토 카즈키 등이 수행한 실험에서 일부 발췌한 것을 사용하였다[105, 106].

BrdU를 이용한 DNA 표지 실험 데이터의 수학적 모델에 대한 분석

BrdU를 이용한 DNA 표지 실험에서는 각각의 세포 염색체에 적용된 BrdU양을 항 BrdU 항체를 이용하여 측정한다. **그림 5.1** (b)와 같이 BrdU 투여 기간 동안 모든 표지되지 않은 세포는 분열 후 2개의 표지된 딸세포가 된다. 그동안에 이미 표지된 세포는 분열 후 2개의 표지된 딸세포가 된다. 또한, BrdU 투여 종료 후 표지되지 않은 세포는 분열 후 표지되지 않은 2개의 딸세포가 되지만 이미 표지된 세포들은 BrdU양이 반감한 표지된 딸 세포 2개가 된다. 더불어, 외부에서 유입된 세포는 BrdU 투여기간 중에 있어 모두 표지되지만 BrdU 투여종료는 모두 표지되지 않은 것으로 가정한다[44, 45, 109]. 활성화 림프구 중 표지된 세포수는 $A_L(t)$, 표지되지 않은 세포수를 $A_U(t)$라고 한다면 BrdU 투여 기간에 있어 각각의 림프구 동역학은 다음과 같은 상미분방정식 계로 표현된다.

$$\begin{aligned} \frac{dA_L(t)}{dt} &= s + 2pA_U(t) + (p-d)A_L(t) \\ \frac{dA_U(t)}{dt} &= -(p+d)A_U(t) \end{aligned} \tag{5.4}$$

여기서 활성화된 림프구의 총 개수, 즉 $A(T) = A_L(t) + A_U(t)$는 식 (5.3)에서 주어진 정수 A인 것에 주의한다. BrdU 투여 기간에서의 수학적 모델(5.4)를 통해 표지되지 않은 세포는 그들의 분열과 사멸로 인해 감소하고 있다는 것을 알 수 있다. 한편, BrdU 투여 후 각각의 림프구 동역학은 다음과 같이 상미분방정식 계로 표현된다.

$$\begin{aligned} \frac{dA_L(t)}{dt} &= (p-d)A_L(t) \\ \frac{dA_U(t)}{dt} &= s + (p-d)A_U(t) \end{aligned} \tag{5.5}$$

BrdU 투여 후의 수학적 모델(5.5)에서도 마찬가지로 활성화 림프구의 총 수는 A이다. 수학적 모델(5.4)와 (5.5)가 선형 상미분방정식이기 때문에 BrdU 투여 중 및 투여 후 전체 림프구 중 표지된 세포의 비율 $(A_L(t)/T)$은 다음의 해석해로 표현된다.

$$\begin{aligned} f_L(t) &= 100\alpha\left\{1 - e^{-(d+p)t}\right\} & (t \le T_{end}) \\ f_L(t) &= 100\alpha\left\{1 - e^{-(d+p)T_{end}}\right\}e^{(p-d)(t-T_{end})} & (t > T_{end}) \end{aligned} \tag{5.6}$$

매개변수 T_{end}는 BrdU의 투여 종료 시간이며 α는 가령 BrdU가 충분히 투여되었을 때의 림프구의 최대 표지율이다(즉 $\alpha = A/T$) [44, 45]. 또한, 턴오버가 느린 휴면세포군은 DNA 표지 실험의 타임 스케일에서 BrdU를 거의 흡수하지 않는다고 가정하기 때문에 이러한 세포군의 동역학은 BrdU 양성률의 동역학에 영향을 미치지 않는다는 점에 유의해야 한다.

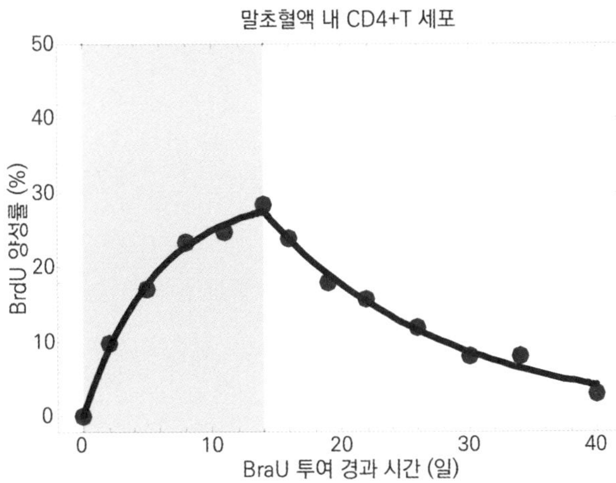

그림 5.3

말초혈액 내 $CD4^{+}T$ 세포군에서 BrdU 양성률의 분석: 검은색 선은 BrdU 투여 시작 후 40일간의 표지된 림프구 동역학을 나타내고 있다. 비선형 최소제곱법에서 목적함수(5.7)를 최소로 하는 최적 매개변수는 $d = 0.126\,(\mathrm{day}^{-1})$, $p = 0.0535\,(\mathrm{day}^{-1})$, $\alpha = 0.299$가 된다.

인간화 마우스에서 $CD4^{+}T$ 세포 동역학을 정량화하기 위해서 해석해 (5.6)의 BrdU 양성률과 해석해(5.6)의 오차를 다음의 목적함수로 정의한다.

$$J(\theta) = \sum_{i=1}^{13} \left(f_L(t_i) - \widetilde{f_L}(t_i) \right)^2 \tag{5.7}$$

t_i는 측정한 BrdU 투여 경과 시간(0일부터 40일까지)이며 $\widetilde{f_L}(t_i)$는 각 측정시간에서의 BrdU 양성률을 나타내고 있다. 또한, 해석해(5.6)의 $\theta = (d,\ p,\ \alpha)$는 DNA 표지 실험 데이터에서 추정하는 매개변수이다(BrdU의 투여 종료 시간은 $T_{end} = 14$일로 한다). **그림 5.3**은 목적함수(5.7)를 최소한으로 하는 최적의 매개변수를 이용해 계산한 해석해(5.6)에 의한 BrdU 투여하에서 표지된 림프구 동역학이다.

여기서 해석해(5.6)과 BrdU 양성률 시계열 데이터를 이용한 매개변수 추정에서 BrdU 투여 시작 후 증가하고 있는 양성률 곡선의 기울기로부터 매개변수$(d+p)$를, 양성률 곡선이 점점 증가하는 값으로부터 매개변수 α를, 그리고 BrdU 투여종료 후, 감소되어가는 양성률 곡선의 기울기로부터 매개변수 $(p-d)$를 독립적으로 추정할 수 있다. 또한, 일반적으로 **그림 5.3**에서 알 수 있듯이 BrdU 투여종료 후 양성률 곡선은 감소하고 있다[44, 45, 109, 146, 167]. 이것은 해석해(5.6)에서 $(p-d)$가 음의 값을 가진다는 것이고 세포 사망률이 분열률 이상인 것을 의미하고 있다. 즉, 이러한 양성률 곡선의 감소는 생체 내 림프구 수가 평형상태에 도달하고 있다는 것을 고려하면 식(5.2)을 참고했을 때, 림프구가 외부에서 공급$(s > 0)$되어야 함을 암시하는 것이다[2].

2 수학적 모델(5.2)는 '림프구의 공급 모델'[44, 45, 109, 146]이라고 불리지만, *Grossman Z. et al.* 혹은 *Asquith B. et al.*은 논문 [6, 70, 71]에서 이 모델을 비평하고 있다. 그들은 BrdU 투여 종료 후의 양성률 곡선의 감소가 '세포 역학의 이질성'을 고려한 모델로 설명할 수 있음을 주장하고 있다[6, 7, 70, 71, 129, 130].

정상 인간화 마우스의 $CD4^{+}T$ 세포 동역학

추정된 $CD4^{+}T$ 세포의 사망률 $d=0.126(\mathrm{day}^{-1})$와 분열률 $p=0.0535(day^{-1})$는 인간화 마우스의 생체 내 $CD4^{+}T$ 세포의 반감기가 5.48일이며 배가 시간이 12.9일임을 의미하고 있다. 또한, 최대표지율 $\alpha=0.299$은 전체 $CD4^{+}T$ 세포에서 활성화되고 있는 세포군이 29.9%임을 의미하고 있다. 그리고 6마리의 인간화 마우스의 말초혈액 내 총 $CD4^{+}T$ 세포 수의 40일간의 평균값이 $T=2.82\times10^{5}$(cells/ml)인 점과 식(5.3)의 관계에 주목하면 단위 시간당 $CD4^{+}T$ 세포의 외부에서의 공급율은 $s=(d-p)\alpha T=6092.6$(cells/day)임을 알 수 있다. 또한, 전체 $CD4^{+}T$세포 동역학을 특징짓는 값으로 활성화된 세포군과 휴면세포군의 평균 분열 비율과 사망률을 정의 내릴 수 있다. 총 $CD4^{+}T$ 세포의 평균 분열률 $p^{*}=\alpha\times p+(1-\alpha)\times0=\alpha p$와 세포 사망률 $d^{*}=\alpha\times d+(1-\alpha)\times0=\alpha d$이다. 이번 DNA 표지 실험에서 $CD4^{+}T$ 세포의 평균 분열률 $p^{*}=0.016$(평균 배가 시간은 43.3일)이며, 평균 사망률은 $d^{*}=0.038$(평균 반감기는 18.4일)로 계산할 수 있다. 또한, 각 림프구 수는 생체 내에서 평형상태에 도달하고 있기 때문에 단위 시간당 생산되는 총 $CD4^{+}T$ 세포수 (즉 턴오버)는 $d\times A+0\times R=d^{*}T=10716$(cells/ml)이 된다[3]. 즉, 인간화 마우스의 말초혈액에서의 전체 $CD4^{+}T$ 세포 중 단위 시간당 $100\times(d^{*}T)/T=3.8\%$의 세포가 새로 생성되고 파괴된다는 것이 된다.

3 식(5.2)로 인해 $dA=10716$(cells/ml)은 단위 시간당 생산되는 활성화 $CD4^{+}T$세포의 총 개수로도 생각할 수 있다. 이것은 휴면 $CD4^{+}T$ 세포군이 본래 갖고 있는 분열 그리고 사망 역학을 무시한다고 가정했을 때 해당된다.

정리

최근 세포의 증식과 사멸의 균형(턴오버)과 같은 세포 동역학 관점에서 질병을 이해하려는 시도가 시작되고 있다. 이는 수학적 모델을 이용해 BrdU에 의해 표지된 세포의 시계열 데이터를 분석함으로써 다양한 동물의 생체 내 림프구 동역학을 정량화할 수 있게 되었기 때문이다. 또한, 추정된 세포에서 이러한 턴오버의 변화가 질병이 발병되는 메커니즘과 깊은 관계가 있다는 것도 밝혀졌다. 즉, 많은 질병 모델 동물 및 환자에서 기존보다 더 정확하고 효과적으로 질병의 발병 기전 및 치료 효과를 분석을 할 수 있게 된 것이다[4]. 본 절에서는 BrdU를 이용한 DNA 표지 실험을 통해 인간화 마우스 생체 내의 단위 시간당 $CD4^{+}T$ 세포의 턴오버가 3.8%, 즉 모든 $CD4^{+}T$ 세포의 평균 반감기가 18.4일이라는 것을 밝혀냈다.

실제로 수학적 모델 없이 BrdU 양성률 데이터를 분석하는 것은 매우 어려우며 현재까지 많은 연구에서 그 데이터의 생물학적 분석이 종종 잘못 분석되어 왔다. 왜냐하면, BrdU 투여 시작 시점에 증가하는 양성률은 세포의 분열뿐만 아니라 사망의 역학도 포함하고 있기 때문이다(BrdU 투여 시작 직후의 양성률 곡선의 기울기는 $\alpha(d+p)$로 표현된다). 예를 들어, BrdU를 이용하여 미접촉 T 세포를 표지했다고 하자. 이 때, naive T 세포의 대부분은 아마도 흉선에서 생산되고 말초에서는 거의 분열하지 않는(즉 $p=0$) 것으로 생각되기 때문에 BrdU 투여 시작시 양성률 곡선의 기울기는 αd로 근사된다. 한편, BrdU를 이용하여 기억 T 세포를 표지한 경우 이들 세포의 대부분은 말초에서 분열에

4 일반적으로 BrdU는 그것 자체가 갖는 독성으로 인해 사람에게 투여하는 것은 쉽지 않으나, 인체에 무해한 중수소화 포도당과 중수소화수를 이용한 DNA 표지법도 개발되고 있다(다음 장 참고)

의해 유지되고 있다고 생각되므로(즉, $p>0$), BrdU 투여 시작시 양성률 곡선의 기울기는 $\alpha(d+p)$로 근사된다. 따라서, 만약 이들 미접촉 T 세포와 기억 T 세포가 동일한 사망률 (d)을 갖고 있다고 하더라도 BrdU 양성률 곡선의 기울기는 기억 T 세포에서 급격하게 나타난다. 현재까지 이러한 차이는 고려되지 않고 양성률 곡선의 기울기가 가파르면 가파를수록 세포군의 반감기가 짧다는 근거가 되어 왔다[5].

또한, 일반적으로 해석해(5.6)와 BrdU 양성률의 시계열 데이터를 이용한 매개변수 추정에서는 세포의 분열률 p(평균 분열률 p^*)를 추정하는 것이 어렵다는 것이 지적되고 있다. 예를 들어, 붉은털 원숭이 생체 내 림프구 동역학을 분석한 *De Boer RJ. et al.*의 논문 [44, 45]이나 이번 인간화 마우스를 이용한 분석(자세한 내용은 생략)에서 분열률 p의 값이 매우 0에 가까워지는 경우가 있다. 이는 수학적 모델(5.2)에서 림프구의 외부 공급을 설명하는 항 s와 분열을 설명하는 항 $pA(t)$가 모두 림프구의 신규 생성을 나타내기 때문이다. 실제로, 신규 생산된 림프구의 거의 전부가 외부로부터의 공급에 의한 $(p=0)$으로 가정한 간단한 수학적 모델(추정 매개변수는 d랑 α)을 이용한 BrdU 양성률의 시계열 데이터에 대한 적합도와 기존의 수학적 모델을 이용한 데이터에 대한 적합도를 비교해도 그 정확도는 거의 비슷했다(AIC(Akaike Information Criterion)기준을 사용). 이처럼 많은 BrdU 양성률 시계열 데이터는 다양한 수학적 모델을 이용하여 설명할 수 있고 그 정확도가 큰 차이가 없기 때문에 통계적 관점에서 최적의 수학적 모델을 선택하기 어렵다. 따라서, 서로 다른 수학적 모델을 사용하여 추정된 매개변수의 생물학적 분석은 종종 다르게 분석될 수 있다.

5 예를 들어, 같은 시각에서 미접촉 T세포와 기억 T세포의 BrdU 양성률을 비교하는 것뿐인 표지 실험에서는 기억 T세포의 양성률이 더 크게 드러나는 것으로 인해, 이러한 세포 턴오버가 큰 것과 착각하여 분석된 적이 있다.

그러나, 세포의 평균 사망률 d^*만큼은 다른 수학적 모델을 이용한 매개변수 추정에서 거의 변하지 않고 매우 안정적인 값을 갖는 것으로 보고되고 있다[44, 45, 109]. 즉, BrdU 양성률의 시계열 데이터로부터 정량화된 림프구 동역학에서 세포의 평균 사망률과 턴오버의 값만이 신뢰할 수 있는 추정치가 된다. 앞으로는 BrdU 양성률의 시계열 데이터에 대한 적합성에 통계적 차이가 없더라도 매개변수의 생물학적 분석을 보다 정확하게 하기 위해 '세포 집단의 보다 상세한 이질성'과 'BrdU의 흡착 및 희석에 의한 세포 표지 검출 한계치' 등을 고려한 수학적 모델 개발이 기대된다[47].

한편, 본 절에서 소개한 소형 실험동물의 림프구 동역학에 대한 실험적, 수학적 정량화 기법을 이용하면 자가면역질환 모델 마우스나 HIV-1 감염 인간화 마우스, 백혈병 인간화 마우스에 의한 병태생리 및 치료제의 작용기전에 대한 연구에 기존과는 다른 관점으로 접근할 수 있다. 예를 들어, 자가면역질환 모델 마우스에서 조절 T 세포 등 자가면역질환에 관여하는 림프구의 역동성을 유사하게 분석할 수 있다면, 정량적인 관점에서 질환의 발병 기전을 탐색할 수 있을 뿐만 아니라, 스테로이드, 면역억제제 등을 이용한 치료법이 어느 정도 효과적인지 판단할 수 있을 것이다. 또한, 백혈병 인간화 마우스 생체 내에서의 림프구 동역학을 정량화할 수 있다면, 혈액 내 백혈병에 관여하는 림프구 동역학이 어느 정도 비정상적으로 변화되어 있는지를 알 수 있다. 백혈병에서 나타나는 림프구의 항상성 붕괴는 세포의 증식 기전의 이상 또는 세포 사멸 기전의 이상이 주된 원인인가? 항암제 치료로 인해 림프구 동역학이 어느 정도 정상으로 돌아왔는가? 등 매우 흥미로운 분석을 할 수 있게 된다. 이처럼 BrdU를 이용한 DNA 표지 실험을 통한 림프구 동역학 정량화는 다양한 질병 연구에 폭넓게 적용될 수 있으며 획기적인 발전을 가져올 수 있는 가능성을 가지고 있는 것이다[105, 106].

5.2 중수소화 포도당 투여하의 표지된 림프구 동역학

BrdU를 이용한 DNA 표지법은 주로 마우스나 영장류 등의 실험 동물에 널리 활용되고 있으나, BrdU가 갖는 독성으로 인해 일반적으로 사람에게 사용하는 것은 부적절하다[6]. 하지만 최근 BrdU를 대체할 수 있는 DNA 표지법으로 중수소화 포도당을 이용한 표지법이 개발되었다[79, 131]. 중수소화 포도당을 투여시 새롭게 합성되는 DNA의 수소원자가 중수소원자로 대체되기 때문에 질량 분석기를 이용하여 중수소에 표지된 DNA(표지된 디옥시아데노신)의 충전율을 검출 및 정량할 수 있다. 안전하고 독성이 없는 중수소화 포도당을 사용한 DNA 표지법은 인간을 대상으로 하는 실험에 적절한 방법이며 이것과 수학적 모델을 이용하여 대상 세포군 내 표지된 디옥시아데노신 충전율의 시계열 데이터를 분석함으로써 인간 생체 내 림프구 동역학을 정량화할 수 있게 되었다[129, 130, 147, 180]. 물론 인간 생체 내 면역세포 동역학을 정량적으로 이해하는 것은 바이러스학 및 면역학에서 중요한 문제를 해결할 수 있는 가능성을 가지고 있다. 왜냐하면 다양한 림프구가 항상성을 유지하는 이유, 바이러스 감염이 림프구에 미치는 영향, 노화와 면역 노화의 관계성, 자기면역질환과 백혈병 발병의 구조 발견 등, 다방면에 뻗어진 면역 현상과 관련이 있을 것으로 생각되기 때문이다. 본 절에서는 중수소화 포도당 투여시 표지된 림프구 동역학을 설명하는 수학적 모델을 이용하여 비감염자 및 HIV−1 감염자의 말초혈액 내 $CD4^{+}T$ 세포의 동역학을 정량화 하고자 한다. 또한, 중수소화 포도당 법을 이용한 림프구 동역학 정량화에 관한 연구는 총설 [6, 7, 13, 47]에 자세히 정리되어 있다.

비감염자, HIV-1 감염자의 림프구 동역학

HIV−1 감염자의 $CD4^+T$ 세포수의 점진적인 감소를 동반하는 고갈은 에이즈(AIDS) 연구의 가장 근본적인 물음임에도 불구하고, 해결되지 않은 문제이기도 하다. HIV−1이 생체 내에 있어 $CD4^+T$ 세포를 파괴하는 것은 확실하나, 이러한 사실만이 HIV−1의 병태 진행을 완전히 설명할 수 있는 것은 아니다[60, 144]. 실제로 어떤 식으로 바이러스가 $CD4^+T$ 세포를 생체 내에서 고갈시키는지, 또는 (정량적인 관점에서) 이러한 세포의 감소가 바이러스 감염에 의한 직접적인 파괴가 원인인지, 또는 다른 간접적인 파괴가 원인인 것인지조차 밝혀지지 않았다. 하지만, 최근, SIV의 자연 숙주인 사바나 원숭이 혹은 스티브 만가베이를 이용한 연구에서 이러한 감염 개체에서는 만성기 바이러스 양이 매우 높은 값을 유지하고 있음에도 불구하고 에이즈를 발병시키지 않는다는 것이 보고되었다[15, 60, 71, 109]. 즉, $CD4^+T$ 세포의 굴성 (tropism)을 갖는 바이러스의 높은 복제 자체가 반드시 숙주에 대해서 치명적인 것의 원인이 아닌 것이 밝혀졌다. 또한, 사람 생체 내에서 림프구 동역학의 정량화할 수 있게 됨에 따라, 점차 HIV−1 감염자의 바이러스와 면역계와의 관계성을 밝힐 수 있는 연구가 전개되고 있다[147, 180, 115]. 아래에서는 HIV−1 감염자의 $CD4^+T$ 세포수의 고갈 메커니즘에 대해 논의한다.

아래에서 HIV-1 감염자에서 $CD4^+T$ 세포 역학을 이해하기 위해 논문 [147]에서 수행 된 비감염자 및 병용요법을 받기 전후의 만성 감염기 HIV-1 감염자에 대한 중수소화 글루코스법을 이용한 표지 실험과 그 실험 데이터를 해석함으로써 밝혀진 HIV-1 감염자 생체 내에서의 $CD4^+T$ 세포의 반감기에 대해 설명한다. 또한 현재 예상되는 HIV-1 감염자에서 $CD4^+T$ 세포 수의 고갈 메커니즘을 논의한다.

림프구 동역학의 수학적 모델 (2)

다양한 세포 집단을 포함하는 림프구 동역학을 설명하기 위해, 이전 절에서는 매우 느린 턴오버를 지닌 휴면세포군과 빠른 턴오버를 가진 활성화 세포군을 고려하고, DNA 표지 실험의 시간 축에서 휴면세포군의 분열과 사망 역학은 무시된다고 가정해왔다. 이번 절에서는 림프구가 다른 분열률 $p_i(\mathrm{day}^{-1})$와 사망률 $d_i(\mathrm{day}^{-1})$을 갖는 m개의 세포 집단에서 구성되었다고 가정하여 모든 세포집단의 동역학을 명확히 고려해 나간다. 또한, 각 세포집단은 다른 구획들에게서 림프구 공급을 받지 않으며, 생체 내에 있어 항상 유지되어 있다고 가정한다[6]. 시간 t에서 세포집단 $i=1, 2, 3, \cdots, m$의 림프구 수를 $A_i(t)$이라고 한다면 각 세포집단 동역학은 다음과 같은 상미분방정식으로 나타낼 수 있다.

$$\frac{dA_i(t)}{dt} = (p_i - d_i)A_i(t) \tag{5.8}$$

또한, 각각의 림프구 수는 평형상태에 도달해 있기 때문에 다음의 관계가 성립된다.

$$p_i = d_i \tag{5.9}$$

한편, 각각의 세포집단의 빈도를 α_i, 림프구의 총 수를 $A(t) = \sum_{i=1}^{m} A_i(t)$이라고 정의한다면 $\sum_{i=1}^{m} \alpha_i = 1$이며, $A_i(t) = \alpha_i A(t)$가 된다. 이 때, 수학적 모델(5.8)의 양변을 $i=1, 2, 3, \cdots, m$까지 더해 나가면, **그림 5.4** (a)에 있는 림프구 평균 동역학이 다음의 미분방정식으로

6 수학적 모델(5.8)은 림프구의 공급 모델인 (5.2) [44, 45, 109, 146]와는 다르며, '세포 역학의 이질성 모델'[6, 7, 70, 129, 130]이라고 불린다.

나타낼 수 있다.

$$\frac{dA(t)}{dt} = (p^* - d^*)A(t) \tag{5.10}$$

여기서 p^*, d^*는 림프구의 평균 분열률 $\sum_{i=1}^{m} \alpha_i p_i$과 평균 사망률 $\sum_{i=1}^{m} \alpha_i d_i$를 나타낸다(식(5.9)에서, $p^* = d^*$이며 $A(t) = A$이다).

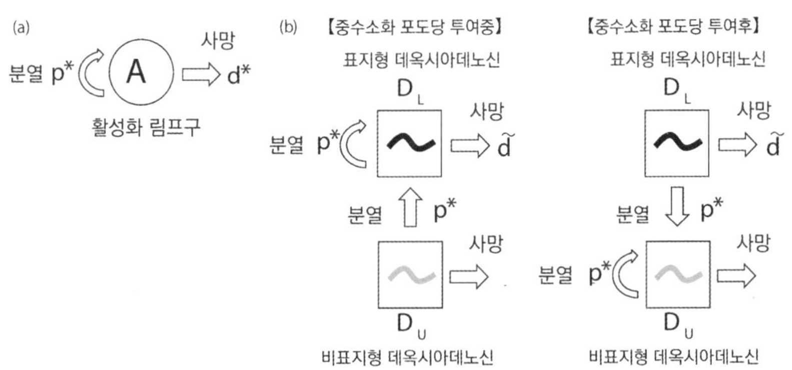

그림 5.4

중수소화 포도당을 이용한 표지 실험에서 림프구 동역학의 수학적 모델링: (a) 활성화 림프구 동역학, 그리고 (b) 디옥시아데노신의 표지 동역학을 설명하고 있다. 여기서는 시각 t에 대한 활성화 림프구를 $A(t)$로 가정, 단위 시간당 림프구의 평균 분열률을 $p^*(\text{day}^{-1})$, 평균 사망률을 $d^*(\text{day}^{-1})$로 가정한다. 그리고 분열한 지 얼마 되지 않은 림프구는 보통 세포보다 활성화되어 있기 때문에, DNA 표지 실험에서 림프구군의 사망률은 $\tilde{d}$가 된다고 가정했다. 중수소화 포도당을 이용한 표적 실험에서는 모든 디옥시아데노신 중 표지된 디옥시아데노신의 양을 $D_L(t)$, 표지되어 있지 않은 디옥시아데노신의 양은 세포수에 비례한다는 것을 주석으로 달아둔다.

비감염자 및 HIV-1 감염자의 DNA 표지 실험

BrdU를 이용한 DNA 표지 실험을 통해 비감염 붉은털 원숭이 및 SIV에 감염된 붉은털 원숭이 생체 내에서 림프구 동역학을 직접 정량화할 수 있게 되었다[146, 187]. 그리고 SIV 감염 붉은털 원숭이 생체 내 $CD4^+$ 및 $CD8^+$ 림프구의 턴오버는 비감염 붉은털 원숭이 생체 내의 턴오버와 비교하여 몇 배씩 빨라진다는 것이 보고되었다. 최근 중수소화 포도당을 이용한 DNA 표지 실험을 통해서 비감염자와 HIV−1 감염자의 생체 내 림프구 동역학이 정량화할 수 있게 되었다. *Mobri H. et al.*에 의한 논문 [147]에서는 4명의 비감염자와 7명의 치료받지 않은 HIV−1 감염자에게 중수소화 포도당의 정맥 주사를 7일간 매일 접종을 실시하였다(감염자 7명 중 1명은 개인적인 사정으로 인해 중수소화 포도당 투여기간을 4.3일로 변경했다). 중수소화 포도당 투여중에는 거의 매일, 투여 후에는 7일에서 10일 간격으로 말초혈액을 회수하여 림프구군의 DNA에서의 표지 디옥시아데노신 충전율을 측정했다. 또한, 감염자 7명 중 5명은 이 DNA 표지실험 후에 HAART를 받고 추가로 2번 더 DNA 표지실험에 참가하였다. 표 5.2는 *Mobri H. et al.*의 논문 [147]에 보고된 DNA 표지 실험의 전형적인 비감염자 (c1) 그리고 HIV−1 감염자 (p1)의 $CD4^+T$ 세포군의 DNA에서 표지 디옥시아데노신 충전율을 나타내고 있다[7] (HIV−1 감염자의 경우, HAART하에서 시행한 2번째, 3번째의 DNA 표지 실험 데이터도 함께 분석한다). **그림 5.5** (a)의 ●는 비감염자의 첫 번째 DNA 표지 실험(Exp.(a))의 표지 디옥시아데노신 충전율의 시계열 데이터를 나타낸

7 표 5.2의 값은 논문 [147]의 그림 3에서 저자들이 추출한 값을 수정했다. 그러므로, 논문 [147]에 쓰인 실제 값들과는 조금 다르다는 것에 주의한다. 그리고 논문 [147]에서는 $CD8^+T$ 세포군의 DNA에서의 표지 디옥시아데노신 충전율도 동시에 측정하고 있다.

다. 그리고 **그림 5.5** (b)의 ○, □, △ 표시는 각각 HIV−1 감염자의 1차, 그리고 HAART하에서의 2차, 3차 DNA 표지 실험(Exp.(b−1), Exp.(b−2), Exp.(b−3))의 표지 디옥시아데노신 충전율의 시계열 데이터이다. 회색으로 나타낸 7일은 중수소화 포도당의 투여기간을 나타낸다. 다음에서는 이러한 약 50일간의 DNA 표지 실험 데이터를 이용하여 분석할 것이다.

중수소화 포도당을 이용한 DNA 표지 실험의 수학적 모델 분석

중수소화 포도당을 이용한 DNA 표지 실험은 특정 세포군에서 DNA를 추출한 후 질량분석기를 이용해 DNA 내 중수소(즉, 표지 디옥시아데노신)의 충전율을 측정할 수 있다[8]. 실제로, 중수소화 포도당 투여하는 동안 혈장 내 수소 원자의 일부가 중수소로 대체되기 때문에 분열된 세포는 합성된 새로운 DNA 분자에 중수소와 수소를 모두 흡수하게 된다. 그러나 생체 내 모든 수소가 중수소로 대체되는 것은 아니기 때문에 예를 들어 혈장에 포함된 중수소의 충전율과 DNA 합성 시 흡수되는 중수소의 희석율을 고려하여 DNA 내 표지된 디옥시아데노신 충전율을 보정하여 정량화할 필요가 있다[47, 129, 131]. 중수소화 포도당을 이용한 DNA 표지 실험에 대한 자세한 프로토콜은 논문 [131]에 자세히 정리되어 있다.

본 절에서는 세포 수가 평형상태에 도달한 림프구군에서의 DNA 내 표지 디옥시아데노신 충전율을 분석할 수학적 모델을 고찰한다. 세포군 내 디옥시아데노신 양은 세포수에 비례하며, 그 총량은 일정하다 $(D(t) = D)$. 또한, 시각 t에서 중수소로 표시된 디옥시아데노신 양을

8 BrdU를 이용한 DNA 표지 실험에서는 '림프구군에서 표지된 세포의 빈도'를 측정하고 있는 한편, 중수소화 포도당을 이용한 DNA 표지 실험에서는 '림프구군에서 DNA 내 표시된 디옥시아데노신의 빈도'를 측정한다는 것에 주의한다.

$D_L(t)$, 표지되어 있지 않은 디옥시아데노신 양을 $D_U(t)$로 한다. 림프구 군은 여러 세포 집단으로 구성되어 있으며 각각의 세포 집단이 그 빈도에 따라 세포군 분열과 사망에 기여하고 있다. 즉, 림프구군은 $p^* = \sum_{i=1}^{m} \alpha_i p_i$라는 (전체 세포 집단의) 평균 분열률로 증식한다고 생각할 수 있다. 또한, DNA 복제는 반보존적 복제이다. 즉, 복제된 두 가

표 5.2

표지실험	중수소화 포도당 투여 경과 시간(일)						
	중수소화 포도당 양성률(%)						
Ex.(a)	0.00	0.74	1.76	2.86	3.74	4.84	5.86
	0.00	0.03	0.62	1.20	1.68	2.12	3.24
	6.90	13.0	20.8	28.9	34.8	40.8	47.8
	2.77	2.69	2.32	2.27	1.19	1.72	1.32
Ex.(b-1)	0.00	0.13	0.64	2.58	4.51	6.70	15.5
	0.00	0.001	1.32	6.29	11.0	16.2	8.99
	22.5	29.7	42.3				
	2.98	3.51	3.02				
Ex.(b-2)	0.00	0.13	2.70	4.75	6.79	13.8	20.6
	0.00	0.86	4.81	7.90	10.5	7.22	5.42
	29.9	36.8					
	4.43	3.49					
Ex.(b-3)	0.00	0.65	2.44	4.61	6.65	15.5	29.6
	0.00	1.83	4.10	5.77	7.34	6.50	3.62
	37.6						
	4.71						

비감염자 그리고 HIV−1 감염자의 DNA 표지 실험 데이터: 표의 밑단은 말초혈액 내 $CD4^+T$ 세포군에서 표지 디옥시아데노신 충전율(중수소의 양성률 (%)), 상단은 이러한 DNA 표지 실험의 데이터 채취 시간(중수소화 포도당의 투여 경과 시간 (day))을 나타내고 있다. 데이터는 *Mobri H. et al.*의 논문 [147]의 그림 3과 그림 4를 저자들이 추출하여 수정한 값이다.

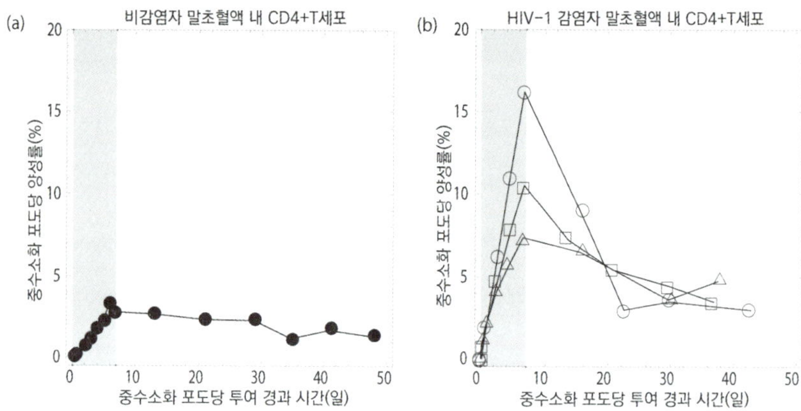

그림 5.5

말초혈액 내 $CD4^{+}T$ 세포군 표지 디옥시아데노신 충전율의 시계열 동역학: 그림(a)의 ●는 비감염자의 첫번째 DNA 표지 실험 (Exp.(a)), 그리고 (b)의 ○, □, △ 표시는 각각, HIV−1 감염자의 1차, HAART하에서 2차, 3차 DNA 표지 실험 (Exp.(b−1), Exp.(b−2), Exp.(b−3))의 표지 디옥시아데노신 충전율의 시계열 데이터이다. 회색으로 나타낸 7일은 중수소화 포도당의 투여 기간을 나타낸다. 데이터는 *Mobri H. et al.*의 논문 [147]의 그림 3과 그림 4에서 추출 후 수정한 값이다.

닥의 DNA 사슬에서는 각각 한 개의 오래된 사슬과 한 개의 새로운 (수소가 중수소로 치환된) 사슬이 포함되어 있다는 것에 주의하면 중수소화 포도당 투여시 표지된 디옥시아데노신의 양은 세포분열로 인해 $p^*(D_L(t)+D_U(t))=p^*D$만큼 증가하고 있다는 것을 알 수 있다. 한편, 분열한지 얼마 되지 않은 림프구는 일반적인 세포보다 활성화되어 있기 때문에 DNA 표지 실험 기간 동안 림프구군 사망률은 (표지된 세포에) 가중치를 부여한 값인 $\tilde{d}=\sum_{i=1}^{m}\alpha_i p_i d_i/\sum_{i=1}^{m}\alpha_i p_i$로 형식적으로 가정할 수 있다[9]. 여기서 $\alpha_i p_i A$는 전체 세포(A) 중 세포집단인 i에서

9 논문 [6, 47, 129, 131]에서 조사되었듯이, $\tilde{d}$는 중수소화 포도당의 투여 기간에 의존하여 결정된다. 실제로, 투여 기간이 짧을수록 추정되는 $\tilde{d}$의

중수소화 포도당을 투여할 때의 단위 시간당 표지되는 세포 수를 의미하며 $\alpha_i p_i d_i A$는 단위 시간당 표지는 되었으나 없어지는 세포 개수를 나타낸다. 따라서 (전체 세포집단에 있어) 이러한 단위 시간당 없어지는 세포의 총 개수 $\sum_{i=1}^{m}\alpha_i p_i d_i A$를 단위 시간당 표지된 세포의 총 개수인 $\sum_{i=1}^{m}\alpha_i p_i A$로 나눈 값 $\tilde{d}$은 표지된 림프구군의 평균사망률을 의미한다. 이것은 중수소화 포도당 투여 중 표지된 디옥시아데노신의 양은 사망으로 인해서 $\tilde{d}D_L(t)$만큼 감소하는 것을 알 수 있다. 이상으로 중수소화 포도당 투여기간 동안의 표지된 림프구 동역학은 다음과 같은 표지된 디옥시아데노신의 양을 의미하는 $D_L(t)$의 상미분방정식으로 나타낸다.

$$\frac{dD_L(t)}{dt} = bp^* D - \tilde{d}D_L(t) \tag{5.11}$$

여기서 매개변수 b는 전구 물질(혈장 혹은 요소)에서 중수소의 충전율과 DNA 합성시 희석 비율을 곱한 상수이다[47, 129, 131]. 한편, 중수소화 포도당 투여 후 세포 분열에 의해 표지된 디옥시아데노신의 생산이 없어지고, 표지된 디옥시아데노신이 표지된 림프구의 사멸로 인해 감소하기 때문에 표지된 디옥시아데노신 동역학은 다음의 미분방정식으로 표현된다.

$$\frac{dD_L(t)}{dt} = -\tilde{d}D_L(t) \tag{5.12}$$

값은 커진다는 것이 알려져 있다[129, 131]. 또한, 투여 기간이 충분히 길어질수록 추정되는 $\tilde{d}$는 p^* 값에 가까워진다[47]. 즉, 각각의 DNA 표지 실험에서 투여기간에 대응한 고유의 $\tilde{d}$가 정해진다.

수학적 모델(5.11) 및 (5.12)가 선형 상미분방정식이기 때문에 중수소화 포도당 투여 중 및 중수소화 포도당 투여후에 있어 림프구군의 DNA 내 표지된 디옥시아데노신 충전율 ($f_L(t) = D_L(t)/Db$)은 다음의 해석해로 나타낼 수 있다.

$$f_L(t) = \frac{100p^*}{\tilde{d}}\left(1 - e^{-\tilde{d}t}\right) \qquad (t \leq T_{end})$$
$$f_L(t) = \frac{100p^*}{\tilde{d}}\left(1 - e^{-\tilde{d}T_{end}}\right)e^{-\tilde{d}(t - T_{end})} \qquad (t > T_{end}) \tag{5.13}$$

여기서 매개변수 T_{end}는 중수소화 포도당 투여종료시간을 나타내며 본 DNA 표지 실험의 시간 척도에서 림프구 개수는 일정하다고 가정한다. *Mobri H. et al.*의 논문 [147]은 DNA 내 표지 디옥시아데노신 충전율을 이전 장에서 해설했던 림프구의 공급 모델(5.2)을 기반한 다른 수학적 모델을 사용하여 분석하였다는 점을 주석으로 달아둔다[10].

비감염자 및 HIV−1 감염자의 말초혈액 내 $CD4^+T$ 세포 동역학을 정량화하기 위해 해석해 (5.13)에서의 매개변수를 추정한다[11]. 표 5.2

---

10 '림프구의 공급 모델'을 기초로한 수학적 모델과 '세포 역학의 이질성 모델'을 기반한 수학적 모델은 수학적으로는 동시에 같은 구조를 지니고 있지만, 매개변수가 갖는 의미가 달라진다. 두 개의 수학적 모델 모두 장단점을 갖고 있다는 것이 보고되었고, 같은 DNA 표지 실험 데이터에 대한 적합성에서 추정되는 모든 세포집단의 평균 분열률(사망률)은 대부분 값이 같아진다. '어떤 수학적 모델이 가장 적합한가?'에 대한 의논은 논문 [6, 13, 47, 70, 71]에서 자세히 해설되어 있다.

11 중수소화 포도당에서의 DNA 표지 실험의 해석해 (5.13)은 BrdU를 이용한 DNA 표지 실험의 해석해 (5.6)와는 달리, 표지 실험 시작 직후의 충전율 곡선의 기울기가 모든 $CD4^+T$ 세포의 평균 분열률 p^*로 나타낼 수 있다는 것에 주의한다. 한편으로, 중수소화 포도당 투여 종료 후 충전율 곡선의 기울기는 표지된 $CD4^+T$ 세포의 평균 사망률 $\tilde{d}$로 나타낸다.

의 말초혈액 내 $CD4^+T$ 세포군의 DNA 내 표지된 디옥시아데노신 충전율과 해석해 (5.13)의 오차를 다음과 같은 목적 함수로 정의한다.

$$J(\theta) = \sum_{i=1}^{N}\left(f_L(t_i) - \widetilde{f_L}(t_i)\right)^2 \qquad (5.14)$$

N은 각 DNA 표지 실험에서 데이터 개수 (Exp.(a): $N=14$, Exp.(b−1): $N=10$, Exp.(b−2): $N=9$, Exp.(b−3): $N=8$), t_i는 측정

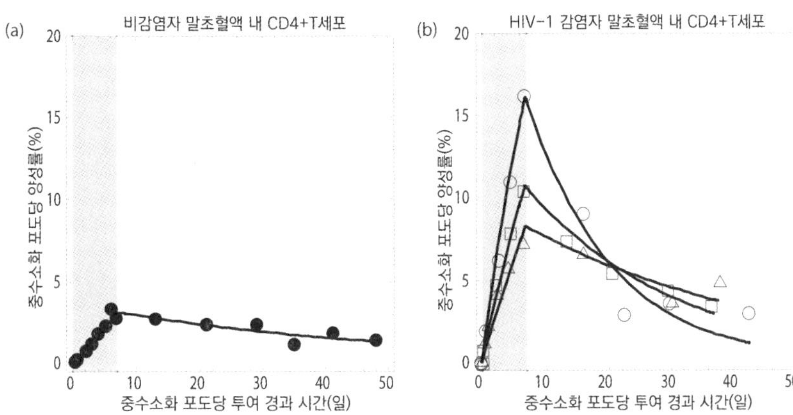

그림 5.6

말초혈액 내 $CD4^+T$ 세포군의 DNA 내 표지된 디옥시아데노신 충전율의 분석: 그림(a)의 검정색 선은 비감염자의 중수소화 포도당 투여 시작 후(Exp.(a)) 약 50일 동안의 표지 림프구 동역학을 나타내고 있다. 또한, (b)의 검정색 선은 각각, HIV-1 감염자의 1차, HARRT 감염자의 2차, 3차의 DNA 표지 실험 (Exp.(b-1), Exp.(b-2), Exp.(b-3))의 약 40일간의 표지된 림프구 동역학이다. 비선형 최소 제곱법에서 목적함수 (5.14)를 최소로 하는 가장 적합한 매개변수는 Exp.(a): $p^*=0.00477(\text{day}^{-1})$, $\tilde{d}=0.0213(\text{day}^{-1})$, Exp.(b-1): $p^*=0.0294(\text{day}^{-1})$, $\tilde{d}=0.0745(\text{day}^{-1})$, Exp.(b-2): $p^*=0.0176(\text{day}^{-1})$, $\tilde{d}=0.0430(\text{day}^{-1})$, Exp.(b-3): $p^*=0.0128(\text{day}^{-1})$, $\tilde{d}=0.0260(\text{day}^{-1})$이다.

한 중수소화 포도당 투여 경과 시간(0일에서 50일), $\widetilde{f_L}(t_i)$은 각 측정 시간에서 DNA 내 표지 디옥시아데노신 충전율을 나타낸다. 또한, 해석해 (5.13)의 $\theta = (p^*,\ \tilde{d})$은 DNA 표지 실험 데이터에서 추정하는 매개변수이다(중수소화 포도당의 투여 종료 시각은 $T_{end} = 7$일로 한다). **그림 5.6**은 목적함수 (5.14)를 최소로 하는 최적 매개변수를 이용해 계산한 해석해 (5.13)의 중수소화 포도당 투여하시 표지된 림프구 동역학이다.

비감염자를 비롯한 HIV-1 감염자에서의 CD4$^+$T 세포 동역학

Exp.(a)의 비감염자에서 추정된 CD4$^+$T 세포의 평균 분열률 $p^* = 0.00477(\text{day}^{-1})$과 가중 평균 사망률 $\tilde{d} = 0.0213(\text{day}^{-1})$은 생체 내 전체 CD4$^+$T 세포의 반감기가 145.3일이며, 중수소화 포도당 투여 중에 표지된 CD4$^+$T 세포의 반감기가 32.5일이라는 것을 의미하고 있다. 한편, Exp.(b-1)에서는 HIV-1 감염자에서 전체 CD4$^+$T 세포의 반감기가 23.6일(평균 분열률은 $p^* = 0.0294(\text{day}^{-1})$)이며, 중수소화 포도당 투여 중에 표지된 CD4$^+$T 세포의 반감기가 9.3일(가중 평균 사망률은 $\tilde{d} = 0.0745(\text{day}^{-1})$)임이 추정된다. 즉, HIV-1 감염자에서 모든 CD4$^+$T 세포의 반감기는 비감염자에서의 반감기에 비해 약 0.16배나 짧아졌음을 알 수 있다. 이처럼 CD4$^+$T 세포의 반감기를 비교함으로써 HIV-1 감염이 CD4$^+$T 세포의 턴오버를 확실히 촉진하고 있다는 것을 확인할 수 있다. 또한, Exp.(b-2)에서는 HAART 시작 약 2개월 후 HIV-1 감염자에서 전체 CD4$^+$T 세포의 반감기가 39.4일(평균 분열률은 $p^* = 0.0176(\text{day}^{-1})$), Exp.(b-3)에서는 치료 시작 약 1년 후의 반감기가 54.2일(평균 분열률은 $p^* = 0.0128(\text{day}^{-1})$)인 것이 추정되었다. 여기서, 이전 장의 HAART 실험데이터에서도 알 수 있듯이 치료 시작 약 2개월 후의 혈장 내 바이러스 양은 비교적 완만한 지수적 감쇠기인 2단계를 나타내며, 치료 시작 약 1년 후의 바이러스 양은 검출 한계 값 이하를 나타내는 것에 주목한다. HAART로 HIV-1 감염인에서 전체 $CD4^+T$ 세포의 반감기가 치료 시작 수개월 후 약 1.67배, 치료 시작 1년 후 약 2.30배 길어졌다. 즉, HAART로 HIV-1 감염자에서 $CD4^+T$ 세포의 비정상적인 턴오버 촉진을 완전하지는 않지만 어느 정도 정상화할 수 있음을 보여주었다. 또한, *Mobri H. et al.*의 논문[147]에서는 세포 증식 주기인 G_1, S, G_2, M기를 통해 발현하는 Ki67 항원 혹은 세포사멸의 지표인 TUNEL의 발현양과 혈장 중 바이러스 그리고 $CD4^+T$ 세포의 턴오버에는 양의 상관관계가 있으며, 말초혈액 내 $CD4^+T$ 세포 개수와는 음의 상관계수가 있는 것으로 보고하고 있다. 말초혈액 내 $CD4^+T$ 세포의 턴오버의 비정상화가 HIV-1 감염병의 병태 진행과 밀접한 관계가 있음을 나타낸다(다음 장 참조).

HIV-1 감염자의 $CD4^+T$ 세포의 고갈 메커니즘

HIV－1 감염이 전체 $CD4^+T$ 세포의 평균 분열률(즉, 평균 사망률)을 약 6배나 증가시키는 반면, 1년 동안 이루어진 HAART는 이러한 비정상적으로 촉진된 턴오버를 정상과 가까운 수치로 돌려놓는다는 것을 알게 되었다. 이러한 정량적 분석으로부터 $CD4^+T$ 세포의 고갈 메커니즘은 주로 $CD4^+T$ 세포의 턴오버가 비정상적으로 촉진되는 것과 연관이 있다고 생각된다[60, 70, 71, 144, 146, 147, 172]. 그렇다면 HIV－1 감염자에서 왜 턴오버가 높아져 왜 $CD4^+T$ 세포가 고갈되는가에 대해 고찰해 나간다[12].

---

12 HIV－1 감염병에서 $CD4^+T$ 세포의 고갈을 설명하기 위해, 다양한 고갈 구조가 제안되어오고 있지만, 본질적으로는 아직 해결되지 않은 부분이며, 많은 물의를 일으키고 있다. 이번 장에서는 가장 유력하다고 생각되

림프구는 두 가지 다른 세포생산(분열) 모드를 갖는다고 생각된다. 즉, 나이브 및 (휴면) 기억 세포가 매우 낮은 확률로 분열하여 사망하면서 딸세포가 모세포의 표현형을 유지하는 '재생적 생산'과 특이적인 항원 자극을 받으면서 여러 횟수를 거친 급속 세포분열(복제 증식)을 경험한 후, 분열을 멈추며 대부분의 세포는 세포사멸로 죽지만 이러한 세포사멸을 피해 살아남은 일부 활성화된 세포가 최종적으로는 휴면 기억 세포가 되는 '폭발적 생산'이다[13]. HIV-1 감염자 생체 내에서는 비감염자와 비교했을 때 매우 많은 $CD4^+T$ 세포가 항원이나 염증성 분자 의해 활성화된 결과, 세포분열이 촉진되어 그 대부분이 사멸하고 있는 것으로 생각된다. 즉, HIV-1 감염자의 $CD4^+T$ 세포 턴오버가 이상해지는 것은 폭발적 생산으로 인해 많은 세포가 만들어지고 사망하는 만성적인 면역 활성화로 설명할 수 있다[70, 71]. 실제로, **그림 5.6**에서 HAART 전의 Exp.(b-1)에서는 비감염자의 Exp.(a), 또는 HAART 후의 Exp.(b-2, 3)에 비해 (면역 활성화 정도가 높으면 높을수록) 중수소화 포도당 투여 직후에 엄청나게 급격한 충전율 곡선의 증가 및 투여 후 급격한 감소를 확인할 수 있다. 이것은 Exp.(b-1)에서는 Exp.(a) 혹은 Exp.(b-2, 3)와 비교하여 폭발적 생산이 빈번하게 일어나며, 투여 기간에 있어 급속히 분열한 세포가 더 많이 표지되어 투여 종료 후에는 이러한 표지된 세포가 사멸하기 때문이다.

또한, 활성화된 $CD4^+T$ 세포는 HIV-1의 주요 표적 세포임이 알려져 있다. 즉, HIV-1 감염자에서 $CD4^+T$ 세포의 폭발적 생산으로 인

는 '만성적인 면역 활성화 상태'의 관점에서, 고갈 메커니즘에 대해 의논한다. 더불어, 현재 생각되는 $CD4^+T$ 세포의 고갈 메커니즘은 논문 [60, 71, 144]에서 자세히 소개된다.

13 수학적 모델(5.8)에서는 클론 증식 후 활성화 세포로의 분화와 세포사에서 벗어난 약간의 활성화 세포가 휴면 기억 세포가 되는 과정 등을 생략하고 있다.

한 활성화에서 세포사멸을 피한 이러한 활성화 세포의 극 일부만이 HIV-1 감염 또는 HIV-1 특이적 세포 독성 T세포로 인해 추가적으로 파괴된다고 생각된다. 따라서, HIV-1 존재하에서 만성적 면역 활성화는 (현재 표지 실험을 이용해 관측하는 것은 어렵지만) 휴면 기억 $CD4^+T$ 세포의 구획으로 유입되는 순 세포 개수를 미세하게 감소시키는 가능성을 지닌다[71]. 그리고 이러한 휴면 기억 $CD4^+T$ 세포의 미세한 감소는 질환 진행에 따라 휴면 기억 $CD4^+T$ 세포의 저장량을 (본 구획에 대한 유입량과 유출량이 균형 잡히는 평형상태) 조금씩 감소시킨다. 실제로, 항상 지속되는 휴면 세포군은 $CD4^+T$ 세포의 장기 면역학적 탱크이기 때문에 휴면 기억 $CD4^+T$ 세포의 저장량이 서서히 감소하는 것은 HIV-1 감염의 (단기적인 것이 아닌) 장기적인 시간 스케일에서의 $CD4^+T$ 세포 고갈의 원인이 될 수 있다. 따라서 HIV-1 감염자에서 만성적 면역 활성화는 바이러스 생산을 유지하면서 휴면 세포군의 항시적인 평형상태를 일시적으로 불안정하게 하여 점차 감소시킴으로써 $CD4^+T$ 세포의 점진적 감소를 유도하는 것으로 볼 수 있다.

정리

HIV-1 감염시 T 세포군의 이러한 변화를 모델링하는 것은 림프구 동역학에 대한 정량적 정보를 제공하고 HIV-1 감염자의 $CD4^{+}T$ 세포 고갈 메커니즘과 항바이러스 치료로 인한 T 세포 수의 회복 가능성을 규명하는 데 도움이 될 수 있다. 예를 들어, 최근 널리 시행되고 있는 DNA 표지 실험을 이용한 림프구 동역학 연구에서 HIV-1 감염에서는 T 세포의 활성화가 유도되고 턴오버가 커진다는 것이 밝혀졌다. 본 절에서는 *Mobri H. et al.*의 논문 [147]에서 수행한 중수소화 포도당을 이용한 DNA 표지 실험 데이터를 '세포역학의 이질성 모델'로 분석하여 HIV-1 감염이 $CD4^{+}T$ 세포의 턴오버를 비정상적으로 촉진한다는 것을 보여주고 그 원인이 폭발적 생산을 동반한 만성적인 면역 활성화에 의한 $CD4^{+}T$ 세포의 파괴 촉진으로 설명할 수 있음을 보여주었다. 또한, $CD4^{+}T$ 세포 고갈은 면역세포의 저장소인 휴면 기억 $CD4^{+}T$ 세포의 저장량의 점진적인 감소가 원인임을 시사하고 있다(면역 활성화 구동 가설)[70, 71]. 한편, 논문 [146, 147]에서 *Mobri H. et al.*은 '림프구 공급 모델'을 이용하여 실험 데이터를 분석함으로써 HIV-1 감염시 T 세포의 턴오버 촉진은 (분열 가능한 구획에서) 전체 T 세포 수의 항상성을 유지하기 위해 바이러스 감염으로 파괴된 $CD4^{+}T$ 세포를 면역계가 보충하는 것이 원인이며 점진적인 감소를 동반한 $CD4^{+}T$ 세포의 고갈은 이러한 대량의 '파괴'와 '보충'의 균형이 점차 기울어져 결국 보충 속도가 파괴 속도를 따라잡지 못하기 때문이라고 설명하였다(바이러스 감염 파괴 가설).

이처럼 HIV-1 감염자에서 중수소화 포도당을 이용한 DNA 표지 실험 데이터를 설명하는 타당한 수학적 모델과 그로부터 도출된

$CD4^{+}T$ 세포 고갈 메커니즘에 대한 설명은 여러 차례 제시되어 왔으며 현재도 많은 연구자들에 의해 논의되고 있다[6, 7, 60, 71, 144, 146, 147, 172]. 특히, *Mobri H. et al.*의 논문 [146, 147]에서 제안된 바이러스 감염 파괴 가설이 이후 논문 [60, 71, 144]에서 비판 받는 이유 중 하나는 흉선이나 휴면 세포군에서 공급되어야 할 활성화된 $CD4^{+}T$ 세포 수가 매우 많다는 점이다. 예를 들어, 성인의 흉선의 T 세포 생산력은 일반적으로 매우 작은 것으로 알려져 있다[77, 224]. 또한, 논문 [147]에서 계산된 바와 같이 HIV−1 감염자에서 휴면세포군으로부터 활성화된 $CD4^{+}T$ 세포로의 유입이 하루 12%에 달한다면 (휴면세포가 같은 비율로 보충되지 않는 한) 휴면 T 세포의 저장은년 단위가 아닌 일 단위로 고갈될 것으로 예측할 수 있기 때문이다. 한편, 아직 명확한 실험결과는 없지만 *Grossman Z. et al.*의 논문 [71]에서 제안된 면역 활성화 구동 가설을 지지하는 몇 가지 증거들이 나타나기 시작했다[60]. 향후 HIV−1 감염시 만성적인 면역 활성화가 휴면 기억 $CD4^{+}T$ 세포의 저장량에 미치는 영향을 정량적으로 다루기 위해 휴면 림프구 군의 동역학에 초점을 맞춘 실험적, 이론적 분석 방법의 개발이 기대된다.

참고 문헌

1. Allen TM, Mortara L, Mothe BR, Liebl M, Jing P, Calore B, Piekarczyk M, Ruddersdorf R, O'Connor DH, Wang X, Wang C, Allison DB, Altman JD, Sette A, Desrosiers RC, Sutter G and Watkins DI, Tat-vaccinated macaques do not control simian immunodeficiency virus SIVmac239 replication, *J. Virol.*, 76, 8(2002), pp4108-4112.
2. Altfeld M and Walker BD, Less is more? STI in acute and chronic HIV-1 infection, Nat. Med., 7, 8(2001), pp881-884.
3. Althaus CL, De Vos AS, De Boer RJ, Reassessing the human immunodeficiency virus type 1 life cycle through age-structured modeling: life span of infected cells, viral generation time, and basic reproductive number, R0, J. Virol., 83, 15(2009), pp7659-6780.
4. 新井仁之, 線形代数ー基礎と応用, 日本評論社, 2006. (아라이 히토유키, 선형대수-기초와 응용, 일본평론사, 2006)
5. Ascher MS, Sheppard HW, Anderson RW, Krowka JF and Bremermann HJ, HIV results in the frame. Paradox remains, Nature, 375, 6528(1995), pp196; author reply pp198.
6. Asquith B, Debacq C, Macallan DC, Willems L and Bangham CR, Lymphocyte kinetics: the interpretation of labelling data, Trends. Immunol., 23, 12(2002), pp596-601.
7. Asquith B, Borghans JA, Ganusov VV and Macallan DC, Lymphocyte kinetics in health and disease, Trends. Immunol., 30, 4(2009), pp182-189.
8. Baccam P, Beauchemin CAA, Macken CA, Hayden FG and Perelson AS, Kinetics of influenza A virus infection in humans, J. Virol., 80, 15(2006), pp7590-7599.
9. Bartenschlager R, Kaul A and Sparacio S, Replication of the hepatitis C virus in cell culture, Antiviral Res., 60, 2(2003), pp91-102.

10. Beauchemin CAA, McSharry JJ, Drusano GL, Nguyen JT, Went GT, Ribeiro RM and Perelson AS, Modeling amantadine treatment of influenza A virus in vitro, J. Theor. Biol., 254, 2(2008), pp439−451.

11. Beauchemin CAA and Handel A, A review of mathematical models of influenza A infections within a host or cell culture: Lessons learned and challenges ahead, BMC Public Health., 11, Suppl 1(2011), S7.

12. Blankson JN, Persaud D and Siliciano RF, The challenge of viral reservoirs in HIV−1 infection, Annu. Rev. Med., 53, (2002), pp557−593.

13. Borghans JA and de Boer RJ, Quantification of T−cell dynamics: from telomeres to DNA labeling, Immunol. Rev., 216, (2007), pp35−47.

14. Both GW, Sleigh MJ, Cox NJ and Kendal AP, Antigenic drift in influenza virus H3 hemagglutinin from 1968 to 1980: Multiple evolutionary pathways and sequential amino acid changes at key antigenic sites, J. Virol., 48, 1(1983), pp52−60.

15. Broussard SR, Staprans SI, White R, Whitehead EM, Feinberg MB and Allan JS, Simian immunodeficiency virus replicates to high levels in naturally infected African green monkeys without inducing immunologic or neurologic disease, J. Virol., 75, 5(2001), pp2262−2275.

16. Buianouckas FR, HIV results in the frame. HIV an illusion, Nature, 375, 6528(1995), pp197; author reply pp198.

17. Bukrinsky M, Manogue K and Cerami A, HIV results in the frame. Other approaches, Nature, 375, 6528(1995), pp195−196; author reply pp198.

18. Carrat F, Vergu E, Ferguson NM, Lemaitre M, Cauchemez S, Leach S and Valleron AJ, Time lines of infection and disease in human influenza: a review of volunteer challenge studies, Am. J. Epidemiol., 167, 7(2008), pp775−785.

19. Centers for Disease Control (CDC), Pneumocystis pneumonia−−Los Angeles, MMWR. Morb. Mortal. Wkly. Rep., 30, 21(1981), pp250−252.

20. Ciupe MS, Bivort BL, Bortz DM and Nelson PW, Estimating kinetic parameters from HIV primary infection data through the eyes of three different mathematical models, Math. Biosci., 200, 1(2006), pp1－27.

21. Ciupe SM, Ribeiro RM, Nelson PW, Dusheiko G and Perelson AS, The role of cells refractory to productive infection in acute hepatitis B viral dynamics, Proc. Natl. Acad. Sci. USA., 104, 12(2007), pp5050－5055.

22. Chen HY, Di Mascio M, Perelson AS, Ho DD and Zhang L, Determination of virus burst size in vivo using a single－cycle SIV in rhesus macaques, Proc. Natl. Acad. Sci. USA., 104, 48(2007), pp19079－19084.

23. Choo QL, Kuo G, Weiner AJ, Overby LR, Bradley DW and Houghton M, Isolation of a cDNA clone derived from a blood－borne non－A, non－B viral hepatitis genome, Science, 244, 4902(1989), pp359－362.

24. Cocohoba J and Dong BJ, Raltegravir: the first HIV integrase inhibitor, Clin. Ther., 30, 10(2008), pp1747－1765.

25. Coffin JM, HIV population dynamics in vivo: implications for genetic variation, pathogenesis, and therapy, Science, 267, 5179(1995), pp483－489.

26. Cohen J, Monkey－human viral hybrid is new weapon in AIDS fight, Science, 257, 5069(1992), pp478.

27. Cohen J, HIV prevention. Halting HIV/AIDS epidemics, Science, 334, 6061(2011), pp1338－1340.

28. Cooper DA and Lange JM, Peptide inhibitors of virus－cell fusion: enfuvirtide as a case study in clinical discovery and development, Lancet Infect. Dis., 4, 7(2004), pp426－436.

29. Cornberg M, Wedemeyer H and Manns MP, Treatment of chronic hepatitis C with PEGylated interferon and ribavirin, Curr. Gastroenterol. Rep., 4, 1(2002), pp23－30.

30. Courgnaud V, Formenty P, Akoua－Koffi C, Noe R, Boesch C, Delaporte E and Peeters M, Partial molecular characterization of two simian immunodeficiency viruses (SIV) from African colobids: SIVwrc

from Western red colobus (Piliocolobus badius) and SIVolc from olive colobus (Procolobus verus), J. Virol., 77, 1(2003), pp744－748.

31. Cox NJ and Bender CA, The molecular epidemiology of influenza viruses, Semin. Virol., 6, 6(1995), pp359－70.

32. Crotty S, Cameron CE and Andino R, RNA virus error catastrophe: direct molecular test by using ribavirin, Proc. Natl. Acad. Sci. USA., 98, 12(2001), pp6895－6900.

33. Crotty S and Andino R, Implications of high RNA virus mutation rates: lethal mutagenesis and the antiviral drug ribavirin, Microbes. Infect., 4, 13(2002), pp1301－1307.

34. Dahari H, Ribeiro RM, Rice CM and Perelson AS, Mathematical modeling of subgenomic hepatitis C virus replication in Huh－7 cells, J. Virol., 81, 2(2007), pp750－760.

35. Dahari H, Ribeiro RM and Perelson AS, Triphasic decline of hepatitis C virus RNA during antiviral therapy, Hepatology, 46, 1(2007), pp16－21.

36. Dandri M, Murray JM, Lutgehetmann M, Volz T, Lohse AW and Petersen J, Virion half－life in chronic hepatitis B infection is strongly correlated with levels of viremia, Hepatology, 48, 4(2008), pp1079－1086.

37. Dahari H, Sainz B Jr, Perelson AS and Uprichard SL, Modeling subgenomic hepatitis C virus RNA kinetics during treatment with alpha interferon, J. Virol., 83, 13(2009), pp6383－6890.

38. Dahari H, Guedj J, Perelson AS and Layden TJ, Hepatitis C viral kinetics in the era of direct acting antiviral agents and IL28B, Curr. Hepat. Rep., 10, 3(2011), pp214－227.

39. Daniel MD, Letvin NL, King NW, Kannagi M, Sehgal PK, Hunt RD, Kanki PJ, Essex M and Desrosiers RC, Isolation of T－cell tropic HTLV－III－like retrovirus from macaques, Science, 228, 4704(1985), pp1201－1204.

40. Daniel MD, Kirchhoff F, Czajak SC, Sehgal PK and Desrosiers RC, Protective effects of a live attenuated SIV vaccine with a deletion in the nef gene, Science, 258, 5090(1992), pp1938－1941.

41. Davenport MP, Ribeiro RM and Perelson AS, Kinetics of virus-specific CD8+ T cells and the control of human immunodeficiency virus infection, J. Virol., 78, 18(2004), pp10096-10103.

42. Debacq C, Asquith B, Kerkhofs P, Portetelle D, Burny A, Kettmann R and Willems L, Increased cell proliferation, but not reduced cell death, induces lymphocytosis in bovine leukemia virus-infected sheep, Proc. Natl. Acad. Sci. USA., 99, 15(2002), pp10048-10053.

43. De Boer RJ, Oprea M, Antia R, Murali-Krishna K, Ahmed R and Perelson AS, Recruitment times, proliferation, and apoptosis rates during the CD8(+) T-cell response to lymphocytic choriomeningitis virus, J. Virol., 75, 22(2001), pp10663-10669.

44. De Boer RJ, Mohri H, Ho DD and Perelson AS, Turnover rates of B cells, T cells, and NK cells in simian immunodeficiency virus-infected and uninfected rhesus macaques, J. Immunol., 170, 5(2003), pp2479-2487.

45. De Boer RJ, Mohri H, Ho DD and Perelson AS, Estimating average cellular turnover from 5-bromo-2'-deoxyuridine (BrdU) measurements, Proc. Biol. Sci., 270, 1517(2003), pp849-858.

46. De Boer RJ, Understanding the failure of CD8+ T-cell vaccination against simian/human immunodeficiency virus, J. Virol., 81, 6(2007), pp2838-2848.

47. De Boer RJ and Perelson AS, Quantifying T lymphocyte turnover, J. Theor. Biol., 327(2013), pp45-87.

48. Desrosiers RC, Simian immunodeficiency viruses, Annu. Rev. Microbiol., 42(1988), pp607-625.

49. Dimitrov DS, Willey RL, Sato H, Chang LJ, Blumenthal R and Martin MA, Quantitation of human immunodeficiency virus type 1 infection kinetics, J. Virol., 67, 4(1993), pp2182-2190.

50. Dimitrov DS and Martin MA, HIV results in the frame. CD4+ cell turnover, Nature, 375, 6528(1995), pp194-195; author reply pp198.

51. Dinoso JB, Rabi SA, Blankson JN, Gama L, Mankowski JL, Siliciano RF, Zink MC and Clements JE, A simian immunodeficiency virus-infected macaque model to study viral reservoirs that persist

during highly active antiretroviral therapy, J. Virol., 83, 18(2009), pp9247-9257.

52. Dixit NM, Layden-Almer JE, Layden TJ and Perelson AS, Modelling how ribavirin improves interferon response rates in hepatitis C virus infection, Nature, 432, 7019(2004), pp922-924.

53. Dobrovolny HM, Baron MJ, Gieschke R, Davies BE, Jumbe NL and Beauchemin CAA, Exploring cell tropism as a possible contributor to influenza infection severity, PLoS One, 5, 11(2010), e13811.

54. Dobrovolny HM, Gieschke R, Davies BE, Jumbe NL and Beauchemin CAA, Neuraminidase inhibitors for treatment of human and avian strain influenza: A comparative modeling study, J. Theor. Biol., 269, 1(2011), pp234-244.

55. Duesberg P and Bialy H, HIV results in the frame. HIV an illusion, Nature, 375, 6528(1995), pp197; author reply pp198.

56. Dusheiko G, Main J, Thomas H, Reichard O, Lee C, Dhillon A, Rassam S, Fryden A, Reesink H, Bassendine M, Norkrans G, Cuypers T, Lelie N, Telfer P, Watson J, Weegink C, Sillikens P and Weiland O, Ribavirin treatment for patients with chronic hepatitis C: results of a placebo-controlled study, J. Hepatol., 25, 5(1996), pp591-898.

57. Eckstein DA, Penn ML, Korin YD, Scripture-Adams DD, Zack JA, Kreisberg JF, Roederer M, Sherman MP, Chin PS and Goldsmith MA, HIV-1 actively replicates in naive CD4(+) T cells residing within human lymphoid tissues, Immunity, 15, 4(2001), pp671-682.

58. Emery VC and Griffiths PD, Prediction of cytomegalovirus load and resistance patterns after antiviral chemotherapy, Proc. Natl. Acad. Sci. USA., 97, 14(2000), pp8039-8044.

59. Evans MJ, von Hahn T, Tscherne DM, Syder AJ, Panis M, Wolk B, Hatziioannou T, McKeating JA, Bieniasz PD and Rice CM, Claudin-1 is a hepatitis C virus co-receptor required for a late step in entry, Nature, 446, 7137(2007), pp801-805.

60. Feinberg MB, McCune JM, Miedema F, Moore JP and Schuitemaker H, HIV tropism and CD4+ T-cell depletion, Nat. Med., 8, 6(2002), pp537.

61. Finzi D, Hermankova M, Pierson T, Carruth LM, Buck C, Chaisson

RE, Quinn TC, Chadwick K, Margolick J, Brookmeyer R, Gallant J, Markowitz M, Ho DD, Richman DD and Siliciano RF, Identification of a reservoir for HIV-1 in patients on highly active antiretroviral therapy, Science, 278, 5341(1997), pp1295-300.

62. Fouchier RA, Munster V, Wallensten A, Bestebroer TM, Herfst S, Smith D, Rimmelzwaan GF, Olsen B, and Osterhaus AD, Characterization of a novel influenza A virus hemagglutinin subtype (H16) obtained from black-headed gulls, J. Virol., 79, 5(2005), pp2814-22.

63. Fukasawa M, Miura T, Hasegawa A, Morikawa S, Tsujimoto H, Miki K, Kitamura T and Hayami M, Sequence of simian immunodeficiency virus from African green monkey, a new member of the HIV/SIV group, Nature, 333, 6172(1988), pp457-461.

64. Fukuhara M, Iwami S, Sato K, Nishimura Y, Shimizu H, Aihara K and Koyanagi Y, Quantification of the dynamics of enterovirus 71 infection by experimental-mathematical investigation, J. Virol., 87, 1(2013), pp701-705.

65. Fultz PN, Nonhuman primate models for AIDS, Clin. Infect. Dis., 17, Suppl 1(1993), S230-5.

66. Frese M, Pietschmann T, Moradpour D, Haller O and Bartenschlager R, Interferon-alpha inhibits hepatitis C virus subgenomic RNA replication by an MxA-independent pathway, J. Gen. Virol., 82, 4(2001), pp723-733.

67. Gardner MB, The history of simian AIDS, J. Med. Primatol., 25, 3(1996), pp148-157.

68. Goldstein S, Brown CR, Dehghani H, Lifson JD and Hirsch VM, Intrinsic susceptibility of rhesus macaque peripheral CD4(+) T cells to simian immunodeficiency virus in vitro is predictive of in vivo viral replication, J. Virol., 74, 20(2000), pp9388-9395.

69. Gratzner HG, Monoclonal antibody to 5-bromo- and 5-iododeoxyuridine: A new reagent for detection of DNA replication, Science, 218, 4571(1982), pp474-475.

70. Grossman Z, Herberman RB, Dimitrov DS, T Cell Turnover in SIV Infection, Science, 284, 5414(1999), pp555a-555b.

71. Grossman Z, Meier−Schellersheim M, Sousa AE, Victorino RM and Paul WE, CD4+ T−cell depletion in HIV infection: are we closer to understanding the cause?, Nat. Med., 8, 4(2002), pp319−323.

72. Guo JT, Bichko VV and Seeger C, Effect of alpha interferon on the hepatitis C virus replicon, J. Virol., 75, 18(2001), pp8516−8523.

73. Havlir DV, Eastman S, Gamst A and Richman DD, Nevirapine−resistant human immunodeficiency virus: kinetics of replication and estimated prevalence in untreated patients, J. Virol., 70, 11(1996), pp7894−7899.

74. 原 惟行, 松永 秀章, 常微分方程式入門, 共立出版, 2009. (하라 유키, 마츠나가 히데타카, 상미분 방정식 입문, 교리쓰 출판사, 2009.)

75. Harouse JM, Gettie A, Tan RC, Blanchard J and Cheng−Mayer C, Distinct pathogenic sequela in rhesus macaques infected with CCR5 or CXCR4 utilizing SHIVs, Science, 284, 5415(1999), pp816−819.

76. Handel A, Longini IM Jr and Antia R, Neuraminidase inhibitor resistance in influenza: assessing the danger of its generation and spread, PLoS Comput. Biol., 3, 12(2007), e240.

77. Haynes BF, Markert ML, Sempowski GD, Patel DD and Hale LP, The role of the thymus in immune reconstitution in aging, bone marrow transplantation, and HIV−1 infection, Annu. Rev. Immunol., 18, 2000, pp529−560.

78. Hazenberg MD, Hamann D, Schuitemaker H and Miedema F, T cell depletion in HIV−1 infection: how CD4+ T cells go out of stock, Nat. Immunol., 1, 4(2000), pp285−289.

79. Hellerstein MK and Neese RA, Mass isotopomer distribution analysis: a technique for measuring biosynthesis and turnover of polymers, Am. J. Physiol., 263, 5 Pt 1(1992), E988−1001.

80. Herrmann E, Lee JH, Marinos G, Modi M and Zeuzem S, Effect of ribavirin on hepatitis C viral kinetics in patients treated with pegylated interferon, Hepatology, 37, 6(2003), pp1351−1358.

81. Hinshaw VS, Olsen CW, Dybdahl−Sissoko N and Evans D, Apoptosis: A mechanism of cell killing by influenza A and B viruses, J. Virol., 68, 6(1994), pp3667−3673.

82. Hiroishi K, Kita H, Kojima M, Okamoto H, Moriyama T, Kaneko T, Ishikawa T, Ohnishi S, Aikawa T, Tanaka N, Yazaki Y, Mitamura K and Imawari M, Cytotoxic T lymphocyte response and viral load in hepatitis C virus infection, Hepatology, 25, 3(1997), pp705−712.

83. Hirsch VM, Olmsted RA, Murphey−Corb M, Purcell RH and Johnson PR, An African primate lentivirus (SIVsm) closely related to HIV−2, Nature, 339, 6223(1989), pp389−392.

84. Hlavacek WS, Stilianakis NI, Notermans DW, Danner SA and Perelson AS, Influence of follicular dendritic cells on decay of HIV during antiretroviral therapy, Proc. Natl. Acad. Sci. USA., 97, 20(2000), pp10966−10971.

85. Ho DD, Neumann AU, Perelson AS, Chen W, Leonard JM and Markowitz M, Rapid turnover of plasma virions and CD4 lymphocytes in HIV−1 infection, Nature, 373, 6510(1995), pp123−126.

86. Ho DD and Zhang L, HIV−1 rebound after anti−retroviral therapy, Nat. Med., 6, 7(2000), pp736−737.

87. Hofmann WP and Zeuzem S, A new standard of care for the treatment of chronic HCV infection, Nat. Rev. Gastroenterol Hepatol., 8, 5(2011), pp257−264.

88. Holder BP and Beauchemin CAA, Exploring the effect of biological delays in kinetic models of influenza within a host or cell culture, BMC Public Health., 11, Suppl 1(2011), S10.

89. Horiike M, Iwami S, Kodama M, Sato A, Watanabe Y, Yasui M, Ishida Y, Kobayashi T, Miura T and Igarashi T, Lymph nodes harbor viral reservoirs that cause rebound of plasma viremia in SIV−infected macaques upon cessation of combined antiretroviral therapy, Virology, 423, 2(2012), pp107−118.

90. Horscroft N, Lai VC, Cheney W, Yao N, Wu JZ, Hong Z and Zhong W, Replicon cell culture system as a valuable tool in antiviral drug discovery against hepatitis C virus, Antivir. Chem. Chemother., 16, 1(2005), pp1−12.

91. Igarashi T, Brown C, Azadegan A, Haigwood N, Dimitrov D, Martin MA and Shibata R, Human immunodeficiency virus type 1 neutralizing antibodies accelerate clearance of cell−free virions from

blood plasma, Nat. Med., 5, 2(1999), pp211－216.

92. Igarashi T, Brown CR, Endo Y, Buckler－White A, Plishka R, Bischofberger N, Hirsch V and Martin MA, Macrophage are the principal reservoir and sustain high virus loads in rhesus macaques after the depletion of CD4＋ T cells by a highly pathogenic simian immunodeficiency virus/HIV type 1 chimera (SHIV): Implications for HIV－1 infections of humans, Proc. Natl. Acad. Sci. USA., 98, 2(2001), pp658－663.

93. Igarashi M, Ito K, Yoshida R, Tomabechi D, Kida H and Takada A, Predicting the antigenic structure of the pandemic (H1N1) 2009 influenza virus hemagglutinin, PLoS One, 5, 1(2010), e8553.

94. Ikeda H, de Boer RJ, Sato K, Morita S, Misawa N, Koyanagi Y, Aihara K and Iwami S, Improving the estimation of the death rate of infected cells from time course data during the acute phase of virus infections: application to acute HIV－1 infection in a humanized mouse model, Theor. Biol. Med. Model., 11, 1(2014):22.

95. Ito K, Igarashi M, Miyazaki Y, Murakami T, Iida S, Kida H and Takada A, Gnarled－trunk evolutionary model of influenza A virus hemagglutinin, PLoS One, 6, 10(2011), e25953.

96. 伊藤公人, 数理科学はインフルエンザウイルスの変異を予測できるか?, 応用数理, 22, 3(2012), pp183－92. (이토 키미히토, 수리과학은 인플루엔자 바이러스의 변이를 예측할 수 있는가? , 응용수리)

97. Izumi T, Io K, Matsui M, Shirakawa K, Shinohara M, Nagai Y, Kawahara M, Kobayashi M, Kondoh H, Misawa N, Koyanagi Y, Uchiyama T and Takaori－Kondo A, HIV－1 viral infectivity factor interacts with TP53 to induce G2 cell cycle arrest and positively regulate viral replication, Proc. Natl. Acad. Sci. USA., 107, 48(2010), pp20798－20803.

98. 稲葉　寿, 数理人口学, 東京大学出版会, 2002. (히사시 이나다, 수리인구학, 도쿄대학출판회)

99. 稲葉　寿, 感染症の数理モデル, 倍風館, 2008. (히사시 이나다, 감염성 바이러스의 수리 모델, 배풍관)

100. Inoue K, Umehara T, Ruegg UT, Yasui F, Watanabe T, Yasuda H, Dumont JM, Scalfaro P, Yoshiba M and Kohara M, Evaluation of

a cyclophilin inhibitor in hepatitis C virus－infected chimeric mice in vivo, Hepatology, 45, 4(2007), pp921－928.

101. Ishikawa F, Yoshida S, Saito Y, Hijikata A, Kitamura H, Tanaka S, Nakamura R, Tanaka T, Tomiyama H, Saito N, Fukata M, Miyamoto T, Lyons B, Ohshima K, Uchida N, Taniguchi S, Ohara O, Akashi K, Harada M and Shultz LD, Chemotherapy－resistant human AML stem cells home to and engraft within the bone－marrow endosteal region, *Nat. Biotechnol.*, 25, 11(2007), pp1315－1321.

102. Ishikawa F, Humanized model for acute myeloid leukemia, Nippon Rinsho, 67, 10(2009), pp1984－1990.

103. 石川　文彦, ヒト化マウスを用いた病態解析, Jpn. J. Clin. Immunol., 33, 6(2010), pp304－311. (이시카와 후미히코, 사람화 쥐를 사용한 병태해석)

104. Iwami S, Holder BP, Beauchemin CA, Morita S, Tada T, Sato K, Igarashi T and Miura T, Quantification system for the viral dynamics of a highly pathogenic simian/human immunodeficiency virus based on an in vitro experiment and a mathematical model, Retrovirology, 9(2012), 18.

105. 岩見真吾, 佐藤佳, 小柳義夫, ヒト化マウスを用いたヒト特異的疾患研究のイノベーション：応用数学と実験医学の融合, 応用数理, 22, 2(2012), pp85－99. (이와미 신고, 사토 케이, 코야나기 요시오, 인간화 마우스를 이용한 인간 특이적 질병 연구의 혁신: 응용수학과 실험의학의 융합, 응용수학, 응용수리)

106. 岩見真吾, 佐藤佳, 合原一幸, 波江野洋, 錦織桃子, 高折晃史, 小柳義夫, 細胞のダイナミクスを記述する－疾患研究のイノベーションへ, 科学, 83, 10(2013), pp1184－1189. (이와미 신고, 사토 케이, 아이하라 카즈유키, 하에노 히로시, 니시코리 모모코, 다카오리 아키후미, 코야나기 요시오, 세포의 역학을 기술하다－질병연구의 혁신을 향해, 과학)

107. 巌佐　庸, 数理生物学入門, 共立出版, 1998. (이와사 요, 수리생물학입문 공립출판사)

108. 加藤　孝宣, 脇田　隆字, C型肝炎ウイルス培養細胞感染系の確立, ウイルス, 55, 2(2005), pp287－295. (카토 타카노부, 와키타 타카지, C형 간염 바이러스 배양세포 감염계의 확립, 바이러스)

109. Kaur A, Di Mascio M, Barabasz A, Rosenzweig M, McClure HM,

Perelson AS, Ribeiro RM and Johnson RP, Dynamics of T− and B−lymphocyte turnover in a natural host of simian immunodeficiency virus, J. Virol., 82, 3(2008), pp1084−1093.

110. Kempf DJ, Marsh KC, Denissen JF, McDonald E, Vasavanonda S, Flentge CA, Green BE, Fino L, Park CH, Kong XP, NE Wideburg, A Saldivar, L Ruiz, WM Kati, HL Sham, T Robins, KD Stewart, A Hsu, JJ Platrner, JM Leonard and DW Norbeck, ABT−538 is a potent inhibitor of human immunodeficiency virus protease and has high oral bioavailability in humans, Proc. Natl. Acad. Sci. USA., 92, 7(1995), pp2484−2488.

111. Kestler HW 3rd, Ringler DJ, Mori K, Panicali DL, Sehgal PK, Daniel MD and Desrosiers RC, Importance of the nef gene for maintenance of high virus loads and for development of AIDS, Cell, 65, 4(1991), pp651−662.

112. Kida H, Shortridge KF and Webster RG, Origin of the hemagglutinin gene of H3N2 influenza viruses from pigs in China, Virology, 162, 1(1980), pp160−6.

113. Kida H, Yanagawa R, and Matsuoka Y, Duck influenza lacking evidence of disease signs and immune response, Infect. and Immun., 30, 2(1980), pp547−53.

114. Korobeinikov R, Global properties of basic virus dynamics models, Bull. Math. Biol., 66, 4(2004), pp879−883.

115. Kovacs JA, Lempicki RA, Sidorov IA, Adelsberger JW, Herpin B, Metcalf JA, Sereti I, Polis MA, Davey RT, Tavel J, Falloon J, Stevens R, Lambert L, Dewar R, Schwartzentruber DJ, Anver MR, Baseler MW, Masur H, Dimitrov DS and Lane HC, Identification of dynamically distinct subpopulations of T lymphocytes that are differentially affected by HIV, J. Exp. Med., 194, 12(2001), pp1731−1741.

116. 小柳義夫, HIV感染増殖とその宿主細胞性因子の概略：細胞への侵入者の軌跡, ウイルス, 55, 2(2005), pp251−258. (코야나기 요시오, HIV 감염 증식과 그 숙주 세포성 인자의 개략: 세포 내 침입자의 궤적, 바이러스)

117. Kozyrev IL, Ibuki K, Shimada T, Kuwata T, Takemura T, Hayami

M and Miura T, Characterization of less pathogenic infectious molecular clones derived from acute−pathogenic SHIV−89.6p stock virus, Virology, 282, 1(2001), pp6−13.

118. Kuwata T, Miura T and Hayami M, Using SHIVs to develop an anti−HIV−1 live−attenuated vaccine, Trends Microbiol., 9, 10(2001), pp475−480.

119. Lai S, Page JB and Lai H, HIV results in the frame. Paradox remains, Nature, 375, 6528(1995), pp196−197; author reply pp198.

120. Lau JY, Tam RC, Liang TJ and Hong Z, Mechanism of action of ribavirin in the combination treatment of chronic HCV infection, Hepatology, 35, 5(2002), pp1002−1009.

121. Laver WG, Air GM and Webster RG, Mechanism of antigenic drift in influenza virus: Amino acid sequence changes in an antigenically active region of Hong−Kong (H3N2) influenza virus hemagglutinin, J. Mol. Biol., 145, 2(1981), pp339−61.

122. Layden−Almer JE, Ribeiro RM, Wiley T, Perelson AS and Layden TJ, Viral dynamics and response differences in HCV−infected African American and white patients treated with IFN and ribavirin, Hepatology, 37, 6(2003), pp1343−1350.

123. Li Q, Duan L, Estes JD, Ma ZM, Rourke T, Wang Y, Reilly C, Carlis J, Miller CJ and Haase AT, Peak SIV replication in resting memory CD4+ T cells depletes gut lamina propria CD4+ T cells, Nature, 434, 7037(2005), pp1148−1152.

124. Lindenbach BD, Evans MJ, Syder AJ, Wolk B, Tellinghuisen TL, Liu CC, Maruyama T, Hynes RO, Burton DR, McKeating JA and Rice CM, Complete replication of hepatitis C virus in cell culture, Science, 309, 5734(2005), pp623−626.

125. Little SJ, McLean AR, Spina CA, Richman DD and Havlir DV, Viral dynamics of acute HIV−1 infection, J. Exp. Med., 190, 6(1999), pp841−850.

126. Lohmann V, Korner F, Koch J, Herian U, Theilmann L and Bartenschlager R, Replication of subgenomic hepatitis C virus RNAs in a hepatoma cell line, Science, 285, 5424(1999), pp110−113.

127. Loveday C, Kaye S, Tenant−Flowers M, Semple M, Ayliffe U, Weller

IV and Tedder RS, HIV-1 RNA serum-load and resistant viral genotypes during early zidovudine therapy, Lancet, 345, 8953(1995), pp820-824.

128. Lowenstine LJ, Pedersen NC, Higgins J, Pallis KC, Uyeda A, Marx P, Lerche NW, Munn RJ and Gardner MB, Seroepidemiologic survey of captive Old-World primates for antibodies to human and simian retroviruses, and isolation of a lentivirus from sooty mangabeys (Cercocebus atys), Int. J. Cancer., 38, 4(1986), pp563-574.

129. Macallan DC, Asquith B, Irvine AJ, Wallace DL, Worth A, Ghattas H, Zhang Y, Griffin GE, Tough DF and Beverley PC, Measurement and modeling of human T cell kinetics, Eur. J. Immunol., 33, 8(2003), pp2316-2326.

130. Macallan DC, Wallace DL, Zhang Y, Ghattas H, Asquith B, de Lara C, Worth A, Panayiotakopoulos G, Griffin GE, Tough DF and Beverley PC, B-cell kinetics in humans: rapid turnover of peripheral blood memory cells, Blood, 105, 9(2005), pp3633-3640.

131. Macallan DC, Asquith B, Zhang Y, de Lara C, Ghattas H, Defoiche J and Beverley PC, Measurement of proliferation and disappearance of rapid turnover cell populations in human studies using deuterium-labeled glucose, Nat. Protoc., 4, 9(2009), pp1313-1327.

132. Manns MP, McHutchison JG, Gordon SC, Rustgi VK, Shiffman M, Reindollar R, Goodman ZD, Koury K, Ling M and Albrecht JK, Peginterferon alfa-2b plus ribavirin compared with interferon alfa-2b plus ribavirin for initial treatment of chronic hepatitis C: a randomised trial, Lancet, 358, 9286(2001), pp958-965.

133. Mansky LM and Temin HM, Lower in vivo mutation rate of human immunodeficiency virus type 1 than that predicted from the fidelity of purified reverse transcriptase, J. Virol., 69, 8(1995), pp5087-5094.

134. Markowitz M, Louie M, Hurley A, Sun E, Di Mascio M, Perelson AS and Ho DD, A novel antiviral intervention results in more accurate assessment of human immunodeficiency virus type 1 replication dynamics and T-cell decay in vivo, J. Virol., 77, 8(2003), pp5037-5038.

135. Matsuda K, Inaba K, Fukazawa Y, Matsuyama M, Ibuki K, Horiike M, Saito N, Hayami M, Igarashi T and Miura T, In vivo analysis of a new R5 tropic SHIV generated from the highly pathogenic SHIV−KS661, a derivative of SHIV−89.6, Virology, 399, 1(2010), pp134−143.

136. Mattapallil JJ, Douek DC, Hill B, Nishimura Y, Martin M and Roederer M, Massive infection and loss of memory CD4+ T cells in multiple tissues during acute SIV infection, Nature, 434, 7037(2005), pp1093−1097.

137. McHutchison JG, Gordon SC, Schiff ER, Shiffman ML, Lee WM, Rustgi VK, Goodman ZD, Ling MH, Cort S and Albrecht JK, Interferon alfa−2b alone or in combination with ribavirin as initial treatment for chronic hepatitis C. Hepatitis Interventional Therapy Group, N. Engl. J. Med., 339, 21(1998), pp1485−1492.

138. Mellors JW, Viral−load tests provide valuable answers, Sci. Am., 279, 1(1998), pp90−93.

139. Mercer DF, Schiller DE, Elliott JF, Douglas DN, Hao C, Rinfret A, Addison WR, Fischer KP, Churchill TA, Lakey JR, Tyrrell DL and Kneteman NM, Hepatitis C virus replication in mice with chimeric human livers, Nat. Med., 7, 8(2001), pp927−933.

140. Miao H, Hollenbaugh JA, Zand MS, Holden−Wiltse J, Mosmann TR, Perelson AS, Wu H and Topham DJ, Quantifying the early immune response and adaptive immune response kinetics in mice infected with influenza A virus, J. Virol., 84, 13(2010), pp6687−6698.

141. Miao H, Xia X, Perelson AS and Wu H, On identifiability of nonlinear ODE models and applications in viral dynamics, SIAM Rev., 53, 1(2011), pp3−39.

142. Michie C, HIV results in the frame. Toxic shock, Nature, 375, 6528(1995), pp197−198; author reply pp198.

143. Mitchell H, Levin D, Forrest S, Beauchemin CAA, Tipper J, Knight J, Donart N, Layton RC, Pyles J, Gao P, Harrod KS, Perelson AS and Koster F, Higher level of replication efficiency of 2009 (H1N1) pandemic influenza virus than those of seasonal and avian strains:

kinetics from epithelial cell culture and computational modeling, J. Virol., 85, 2(2011), pp1125－1135.

144. McCune JM, The dynamics of CD4+ T－cell depletion in HIV disease, Nature, 410, 6831(2001), pp974－979.

145. Mohler L, Flockerzi D, Sann H and Reichl U, Mathematical model of influenza A virus production in large－scale microcarrier culture, Biotechnol. Bioeng., 90, 1(2005), pp46－58.

146. Mohri H, Bonhoeffer S, Monard S, Perelson AS and Ho DD, Rapid turnover of T lymphocytes in SIV－infected rhesus macaques, Science, 279, 5354(1998), pp1223－1227.

147. Mohri H, Perelson AS, Tung K, Ribeiro RM, Ramratnam B, Markowitz M, Kost R, Hurley A, Weinberger L, Cesar D, Hellerstein MK and Ho DD, Increased turnover of T lymphocytes in HIV－1 infection and its reduction by antiretroviral therapy, J. Exp. Med., 194, 9(2001), pp1277－1287.

148. Mosier DE, HIV results in the frame. CD4+ cell turnover, Nature, 375, 6528(1995), pp193－194; author reply pp198.

149. Murphy BR, Rennels MB, Douglas R, Betts Jr. RF, Couch RB, Cate T, Chanock Jr. RM, Kendal AP, Maassab HF, Suwanagool S, Sotman SB, Cisneros LA, Anthony WC, Nalin DR and Levine MM, Evaluation of influenza A/Hong Kong/123/77 (H1N1) ts－1A2 and cold－adapted recombinant viruses in seronegative adult volunteers, Infect. Immun., 29, 2(1980), pp348－355.

150. Murray JM, Purcell RH and Wieland SF, The half－life of hepatitis B virions, Hepatology, 44, 5(2006), pp1117－1121.

151. Murray JM, Emery S, Kelleher AD, Law M, Chen J, Hazuda DJ, Nguyen BY, Teppler H and Cooper DA, Antiretroviral therapy with the integrase inhibitor raltegravir alters decay kinetics of HIV, significantly reducing the second phase, AIDS, 21, 17(2007), pp2315－2321.

152. 内藤 敏機, 原 惟行, 日野 義之, 宮崎 倫子, タイムラグをもつ微分方程式－関数微分方程式入門, 牧野書店, 2002. (나이토 토시키, 하라 코레유키, 히노 요시유키, 미야자키 린코, 시차를 갖는 미분방정식－함수미분방정식입문, 마키노 서점)

153. Nakabayashi J and Sasaki A, A mathematical model of the intracellular replication and within host evolution of hepatitis type B virus: Understanding the long time course of chronic hepatitis, J. Theor. Biol., 269, 1(2011), pp318－329.

154. Nakabayashi J, A compartmentalization model of hepatitis C virus replication: An appropriate distribution of HCV RNA for the effective replication, J. Theor. Biol., 300, 2012, pp110－117.

155. Nelson DR, Marousis CG, Davis GL, Rice CM, Wong J, Houghton M and Lau JY, The role of hepatitis C virus－specific cytotoxic T lymphocytes in chronic hepatitis C, J. Immunol., 158, 3(1997), pp1473－1481.

156. Neumann AU, Lam NP, Dahari H, Gretch DR, Wiley TE, Layden TJ and Perelson AS, Hepatitis C viral dynamics in vivo and the antiviral efficacy of interferon－alpha therapy, Science, 282, 5386(1998), pp103－107.

157. Neumann G, Noda T and Kawaoka Y, Emergence and pandemic potential of swine－origin H1N1 influenza virus, Nature, 459, 7249(2009), pp931－9.

158. Nie C, Sato K, Misawa N, Kitayama H, Fujino H, Hiramatsu H, Heike T, Nakahata T, Tanaka Y, Ito M and Koyanagi Y, Selective infection of CD4＋ effector memory T lymphocytes leads to preferential depletion of memory T lymphocytes in R5 HIV－1－infected humanized NOD/SCID/IL－2Rgammanull mice, Virology, 394, 1(2009), pp64－72.

159. Nishimura Y, Igarashi T, Donau OK, Buckler－White A, Buckler C, Lafont BA, Goeken RM, Goldstein S, Hirsch VM and Martin MA, Highly pathogenic SHIVs and SIVs target different CD4＋ T cell subsets in rhesus monkeys, explaining their divergent clinical courses, Proc. Natl. Acad. Sci. USA., 101, 33(2004), pp12324－12329.

160. Nowak MA, Bonhoeffer S, Loveday C, Balfe P, Semple M, Kaye S, Tenant－Flowers M and Tedder R, HIV results in the frame. Results confirmed, Nature, 375, 6528(1995), pp193; author reply pp198.

161. Nowak MA, Lloyd AL, Vasquez GM, Wiltrout TA, Wahl LM, Bischofberger N, Williams J, Kinter A, Fauci AS, Hirsch VM and Lifson JD, Viral dynamics of primary viremia and antiretroviral therapy in simian immunodeficiency virus infection, J. Virol., 71, 10(1997), pp7518–7525.

162. Nowak MA and May RM, Virus dynamics, Oxford University Press, 2000.

163. Oue M, Sakabe S, Horiike M, Yasui M, Miura T and Igarashi T, No viral evolution in the lymph nodes of simian immunodeficiency virus–infected rhesus macaques during combined antiretroviral therapy, J. Virol., 87, 8(2013), pp4789–4793.

164. Palese P and Shaw ML, Orthomyxoviridae: the viruses and their replication, Fields Virology, eds Knipe DM \& Howley PM Lippincott Williams \& Wilkins, 5 Ed(2007), pp1647–89.

165. Palmer S, Maldarelli F, Wiegand A, Bernstein B, Hanna GJ, Brun SC, Kempf DJ, Mellors JW, Coffin JM and King MS, Low–level viremia persists for at least 7 years in patients on suppressive antiretroviral therapy, Proc. Natl. Acad. Sci. USA., 105, 10(2008), pp3879–3884.

166. Pawlotsky JM, Dahari H, Neumann AU, Hezode C, Germanidis G, Lonjon I, Castera L and Dhumeaux D, Antiviral action of ribavirin in chronic hepatitis C, Gastroenterology, 126, 3(2004), pp703–714.

167. Parretta E, Cassese G, Santoni A, Guardiola J, Vecchio A and Di Rosa F, Kinetics of in vivo proliferation and death of memory and naive CD8 T cells: parameter estimation based on 5–bromo–2'–deoxyuridine incorporation in spleen, lymph nodes, and bone marrow, J. Immunol., 180, 11(2008), pp7230–7239.

168. Pawlotsky JM, Germanidis G, Neumann AU, Pellerin M, Frainais PO and Dhumeaux D, Interferon resistance of hepatitis C virus genotype 1b: relationship to nonstructural 5A gene quasispecies mutations, J. Virol., 72, 4(1998), pp2795–805.

169. Perelson AS, Neumann AU, Markowitz M, Leonard JM and Ho DD, HIV–1 dynamics in vivo: virion clearance rate, infected cell

life－span, and viral generation time, Science, 271, 5255(1996), pp1582－1586.

170. Perelson AS, Essunger P, Cao Y, Vesanen M, Hurley A, Saksela K, Markowitz M and Ho DD, Decay characteristics of HIV－1－infected compartments during combination therapy, Nature, 387, 6629(1997), pp188－191.

171. Perelson AS and Nelson PW, Mathematical analysis of HIV－1 dynamics in vivo, SIAM Rev., 41, 1(1999), pp3－44.

172. Perelson AS, Modelling viral and immune system dynamics, Nat. Rev. Immunol., 2, 1(2002), pp28－36.

173. Phillips AN, Sabin CA, Mocroft A and Janossy G, HIV results in the frame. Antiviral therapy, Nature, 375, 6528(1995), pp195; author reply pp198.

174. Pileri P, Uematsu Y, Campagnoli S, Galli G, Falugi F, Petracca R, Weiner AJ, Houghton M, Rosa D, Grandi G and Abrignani S, Binding of hepatitis C virus to CD81, Science, 282, 5390(1998), pp938－941.

175. Ploss A, Evans MJ, Gaysinskaya VA, Panis M, You H, de Jong YP and Rice CM, Human occludin is a hepatitis C virus entry factor required for infection of mouse cells, Nature, 457, 7231(2009), pp882－886.

176. Portsmouth S, Stebbing J and Gazzard B, Current treatment of HIV infection, Curr. Top. Med. Chem., 3, 13(2003), pp1458－1466.

177. Powers KA, Dixit NM, Ribeiro RM, Golia P, Talal AH and Perelson AS, Modeling viral and drug kinetics: hepatitis C virus treatment with pegylated interferon alfa－2b, Semin. Liver. Dis., 23, Suppl 1(2003), pp13－18.

178. Ramratnam B, Bonhoeffer S, Binley J, Hurley A, Zhang L, Mittler JE, Markowitz M, Moore JP, Perelson AS and Ho DD, Rapid production and clearance of HIV－1 and hepatitis C virus assessed by large volume plasma apheresis, Lancet, 354, 9192(1999), pp1782－1785.

179. Ribeiro RM and Bonhoeffer S, A stochastic model for primary HIV infection: optimal timing of therapy, AIDS, 13, 3(1999), pp351－357.

180. Ribeiro RM, Mohri H, Ho DD and Perelson AS, In vivo dynamics of T cell activation, proliferation, and death in HIV-1 infection: why are CD4+ but not CD8+ T cells depleted?, Proc. Natl. Acad. Sci. USA., 99, 24(2002), pp15572-15577.

181. Ribeiro RM, Qin L, Chavez LL, Li D, Self SG and Perelson AS, Estimation of the initial viral growth rate and basic reproductive number during acute HIV-1 infection, J. Virol., 84, 12(2010), pp6096-6102.

182. Richman DD, HIV chemotherapy, Nature, 410, 6831(2001), pp995-1001.

183. Rong L and Perelson AS, Modeling HIV persistence, the latent reservoir, and viral blips, J. Theor. Biol., 260, 2(2009), pp308-331.

184. Rong L and Perelson AS, Treatment of hepatitis C virus infection with interferon and small molecule direct antivirals: viral kinetics and modeling, Crit. Rev. Immunol., 30, 2(2010), pp131-48.

185. Rong L, Dahari H, Ribeiro RM and Perelson AS, Rapid emergence of protease inhibitor resistance in hepatitis C virus, Sci. Transl. Med., 2, 30(2010), pp1-8.

186. Rosen HR and Gretch DR, Hepatitis C virus: current understanding and prospects for future therapies, Mol. Med. Today, 5, 9(1999), pp393-399.

187. Rosenzweig M, DeMaria MA, Harper DM, Friedrich S, Jain RK and Johnson RP, Increased rates of CD4(+) and CD8(+) T lymphocyte turnover in simian immunodeficiency virus-infected macaques, Proc. Natl. Acad. Sci. USA., 95, 11(1998), pp6388-6393.

188. 佐藤　總夫, 自然の数理と社会の数理ー微分方程式で解析する, 日本評論社, 1984.

189. Saito Y, Uchida N, Tanaka S, Suzuki N, Tomizawa-Murasawa M, Sone A, Najima Y, Takagi S, Aoki Y, Wake A, Taniguchi S, Shultz LD and Ishikawa F, Induction of cell cycle entry eliminates human leukemia stem cells in a mouse model of AML, Nat. Biotechnol., 28, 3(2010), pp275-280.

190. Sato K, Izumi T, Misawa N, Kobayashi T, Yamashita Y, Ohmichi

M, Ito M, Takaori－Kondo A and Koyanagi Y, Remarkable lethal G－to－A mutations in vif－proficient HIV－1 provirus by individual APOBEC3 proteins in humanized mice, J. Virol., 84, 18(2010), pp9546－9556.

191. 佐藤　佳，小柳　義夫, HIV－1のウイルス－宿主相互作用と新規治療薬の開発, 実験医学, 28, 18(2010), pp2961－2968. (사토 케이, 코야나기 요시오, HIV－1의 바이러스－숙주 상호작용과 새로운 치료제 개발, 실험의학)

192. Sato K, Nie C, Misawa N, Tanaka Y, Ito M and Koyanagi Y, Dynamics of memory and naive CD8＋ T lymphocytes in humanized NOD/SCID/IL－2Rgammanull mice infected with CCR5－tropic HIV－1, Vaccine, 28, Suppl 2(2010), B32－37.

193. Sato K, Misawa N, Nie C, Satou Y, Iwakiri D, Matsuoka M, Takahashi R, Kuzushima K, Ito M, Takada K and Koyanagi Y, A novel animal model of Epstein－Barr virus－associated hemophagocytic lymphohistiocytosis in humanized mice, Blood, 117, 21(2011), pp5663－5673.

194. Sato K and Koyanagi Y, The mouse is out of the bag: insights and perspectives on HIV－1－infected humanized mouse models, Exp. Biol. Med., (2011), pp1－9.

195. Scarselli E, Ansuini H, Cerino R, Roccasecca RM, Acali S, Filocamo G, Traboni C, Nicosia A, Cortese R and Vitelli A, The human scavenger receptor class B type I is a novel candidate receptor for the hepatitis C virus, EMBO J., 21, 19(2002), pp5017－5025.

196. Schulze－Horsel J, Schulze M, Agalaridis G, Genzel Y and Reichl U, Infection dynamics and virus－induced apoptosis in cell culture－based influenza vaccine production － Flow cytometry and mathematical modeling, Vaccine, 27, 20(2009), pp2712－2722.

197. Schuurman R, Nijhuis M, van Leeuwen R, Schipper P, de Jong D, Collis P, Danner SA, Mulder J, Loveday C and Christopherson C, Rapid changes in human immunodeficiency virus type 1 RNA load and appearance of drug－resistant virus populations in persons treated with lamivudine (3TC), J. Infect. Dis., 171, 6(1995), pp1411－1419.

198. Shibata R, Kawamura M, Sakai H, Hayami M, Ishimoto A and Adachi A, Generation of a chimeric human and simian immunodeficiency virus infectious to monkey peripheral blood mononuclear cells, J. Virol., 65, 7(1991), pp3514－3520.

199. Shinde V, Bridges CB, Uyeki TM, Shu B, Balish A, Xu X, Lindstrom S, Gubareva LV, Deyde V, Garten RJ, Harris M, Gerber S, Vagasky S, Smith F, Pascoe N, Martin K, Dufficy D, Ritger K, Conover C, Quinlisk P, Klimov A, Bresee JS and Finelli L, Triple－reassortant swine influenza A (H1) in humans in the United States, 2005－2009, N. Engl. J. Med., 360, 25(2009), pp2616－25.

200. Simon V and Ho DD, HIV－1 dynamics in vivo: implications for therapy, Nat. Rev. Microbiol., 1, 3(2003), pp181－190.

201. Smith AM, Adler FR and Perelson AS, An accurate two－phase approximate solution to an acute viral infection model, J. Math. Biol., 60, 5(2010), pp711－726.

202. Sprent J and Tough D, HIV results in the frame. CD4+ cell turnover, Nature, 375, 6528(1995), pp194; author reply pp198.

203. Stafford MA, Corey L, Cao Y, Daar ES, Ho DD and Perelson AS, Modeling plasma virus concentration during primary HIV infection, J. Theor. Biol., 203, 3(2000), pp285－301.

204. Stevenson M, HIV－1 pathogenesis, Nat. Med., 9, 7(2003), pp853－860.

205. Tanaka Y, Nishida N, Sugiyama M, Kurosaki M, Matsuura K, Sakamoto N, Nakagawa M, Korenaga M, Hino K, Hige S, Ito Y, Mita E, Tanaka E, Mochida S, Murawaki Y, Honda M, Sakai A, Hiasa Y, Nishiguchi S, Koike A, Sakaida I, Imamura M, Ito K, Yano K, Masaki N, Sugauchi F, Izumi N, Tokunaga K and Mizokami M, Genome－wide association of IL28B with response to pegylated interferon－alpha and ribavirin therapy for chronic hepatitis C, Nat. Genet., 41, 10(2009), pp1105－1109.

206. 高木　貞治, 解析概論, 岩波書店, 1938. (다카키 데이지, 해석개론, 이와나미서점)

207. 竹原　徹郎, C型肝炎に対する抗ウイルス治療の現状と今後の展望, YAKUGAKU ZASSHI, 130, 2(2010), pp143－156. (타케하라 테츠오,

C형 간염에 대한 항바이러스 치료의 현황과 향후 전망)

208. Tsai WP, Conley SR, Kung HF, Garrity RR and Nara PL, Preliminary in vitro growth cycle and transmission studies of HIV-1 in an autologous primary cell assay of blood-derived macrophages and peripheral blood mononuclear cells, Virology, 226, 2(1996), pp205-216.

209. Thieme HR, Mathematics in population biology, Princeton University Press, 2003.

210. Veazey RS, DeMaria M, Chalifoux LV, Shvetz DE, Pauley DR, Knight HL, Rosenzweig M, Johnson RP, Desrosiers RC and Lackner AA, Gastrointestinal tract as a major site of CD4+ T cell depletion and viral replication in SIV infection, Science, 280, 5362(1998), pp427-431.

211. Vermehren J and Sarrazin C, New hepatitis C therapies in clinical development, Eur. J. Med. Res., 16, 7(2011), pp303-314.

212. Wakita T, Pietschmann T, Kato T, Date T, Miyamoto M, Zhao Z, Murthy K, Habermann A, Krausslich HG, Mizokami M, Bartenschlager R and Liang TJ, Production of infectious hepatitis C virus in tissue culture from a cloned viral genome, Na.t Med., 11, 7(2005), pp791-796.

213. Webster RG, Bean WJ, Gorman OT, Chambers TM and Kawaoka Y, Evolution and ecology of influenza A viruses, Microbiol. Rev., 56, 1(1992), pp152-79.

214. Weber J and Galpin S, HIV results in the frame. Cyclosporin A, Nature, 375, 6528(1995), pp198; author reply pp198.

215. Wei X, Ghosh SK, Taylor ME, Johnson VA, Emini EA, Deutsch P, Lifson JD, Bonhoeffer S, Nowak MA, Hahn BH, Saag MS and Shaw GM, Viral dynamics in human immunodeficiency virus type 1 infection, Nature, 373, 6510(1995), pp117-122.

216. Wilson IA and Cox NJ, Structural basis of immune recognition of influenza virus hemagglutinin, Annu. Rev. Immunol., 8, (1990), pp737-771.

217. Wodarz D, Killer Cell Dynamics: Mathematical and Computational Approaches to Immunology, Springer, 2006.

218. Wright PF, Neumann G, and Kawaoka Y, Orthomyxoviruses. Fields Virology, eds Knipe DM \& Howley PM, Lippincott Williams \& Wilkins, 5 Ed (2007), pp 1691－1740.

219. Wu H, Zhu H, Miao H and Perelson AS, Parameter identifiability and estimation of HIV/AIDS dynamic models, Bull. Math. Biol., 70, 3(2008), pp785－799.

220. Wunschmann S, Medh JD, Klinzmann D, Schmidt WN and Stapleton JT, Characterization of hepatitis C virus (HCV) and HCV E2 interactions with CD81 and the low－density lipoprotein receptor, J. Virol., 74, 21(2000), pp10055－10062.

221. 柳田　英二, 栄　伸一郎, 常微分方程式論, 朝倉書店, 2002. (야나기다 에이지, 에이 신이치로, 상미분방정식론, 아사쿠라 서점)

222. 柳　雄介, 病原体の宿主域とトロピズム, 実験医学, 27, 10(2009), pp1564－1567. (유스케 야나기, 병원균의 숙주 영역과 트로피즘, 실험의학)

223. 山内　一也, ウイルスと人間, 岩波書店, 2005.

224. Ye P and Kirschner DE, Reevaluation of T cell receptor excision circles as a measure of human recent thymic emigrants, J. Immunol., 168, 10(2002), pp4968－4979.

225. 吉沢　太郎, 微分方程式入門, 朝倉書店, 1967. (요시자와 타로, 미분방정식입문, 아사쿠라 서점,)

226. Zhang L, Dailey PJ, He T, Gettie A, Bonhoeffer S, Perelson AS and Ho DD, Rapid clearance of simian immunodeficiency virus particles from plasma of rhesus macaques, J. Virol., 73, 1(1999), pp855－860.

227. Zhirnov OP, Konakova TE, Wolff T and Klenk HD, NS1 protein of influenza A virus down－regulates apoptosis, J. Virol., 76, 4(2002), pp1617－1625.

228. Zhong J, Gastaminza P, Cheng G, Kapadia S, Kato T, Burton DR, Wieland SF, Uprichard SL, Wakita T and Chisari FV, Robust hepatitis C virus infection in vitro, Proc. Natl. Acad. Sci. USA., 102, 26(2005), pp9294－9299.

229. Zoulim F, Haem J, Ahmed SS, Chossegros P, Habersetzer F, Chevallier M, Bailly F and Trepo C, Ribavirin monotherapy in

patients with chronic hepatitis C: a retrospective study of 95 patients, J. Viral. Hepat., 5, 3(1998), pp193－198.

바이러스 감염과 상미분방정식

지은이 Iwami Shingo (岩見 真吾), Sato Kei(佐藤 佳),
Takeuchi Yasuhiro(竹内 康博)
옮긴이 김광수, 박형기, 정용담
펴낸이 조경희
펴낸곳 경문사
펴낸날 2024년 6월 28일 1판 1쇄
등 록 1979년 11월 9일 제1979-000023호
주 소 04057, 서울특별시 마포구 와우산로 174
전 화 (02)332-2004 팩스 (02)336-5193
이메일 kyungmoon@kyungmoon.com

값 19,000원

ISBN 979-11-6073-671-7